RAL · NEU 研究报告　No. 0026

超快速冷却技术创新性应用
——DQ&P 工艺再创新

轧制技术及连轧自动化国家重点实验室
（东北大学）

U0323169

北　京
冶 金 工 业 出 版 社
2021

内 容 简 介

本书介绍了东北大学轧制技术及连轧自动化国家重点实验室基于以超快冷为核心的新一代 TMCP 技术开发第三代汽车用钢，即高强度热轧直接淬火—配分（DQ&P）钢的最新研究进展。报告主要介绍了在"TMCP+DQ&P"创新型工艺条件下的组织演变基本规律、动态碳配分行为、热力学与动力学工艺窗口、多相多尺度组织调控原理、节约型 DQ&P 钢的设计及工业试制。

本书可供从事材料加工工程专业与热轧钢铁材料品种开发等领域的科研人员及工程技术人员学习与参考。

图书在版编目（CIP）数据

超快速冷却技术创新性应用：DQ&P 工艺再创新／轧制技术及连轧自动化国家重点实验室（东北大学）著. —北京：冶金工业出版社，2019.1（2021.3 重印）

（RAL·NEU 研究报告）

ISBN 978-7-5024-8006-6

Ⅰ.①超… Ⅱ.①轧… Ⅲ.①热轧—带钢—冷却工艺—研究 Ⅳ.①TG335.5

中国版本图书馆 CIP 数据核字（2019）第 012515 号

出 版 人　苏长永
地　　址　北京市东城区嵩祝院北巷 39 号　邮编　100009　电话　(010)64027926
网　　址　www.cnmip.com.cn　电子信箱　yjcbs@cnmip.com.cn
责任编辑　卢　敏　美术编辑　彭子赫　版式设计　孙跃红
责任校对　卿文春　责任印制　禹　蕊
ISBN 978-7-5024-8006-6
冶金工业出版社出版发行；各地新华书店经销；北京建宏印刷有限公司印刷
2019 年 1 月第 1 版，2021 年 3 月第 2 次印刷
169mm×239mm；7.5 印张；116 千字；107 页
50.00 元
冶金工业出版社　投稿电话　(010)64027932　投稿信箱　tougao@cnmip.com.cn
冶金工业出版社营销中心　电话　(010)64044283　传真　(010)64027893
冶金工业出版社天猫旗舰店　yjgycbs.tmall.com
　　　　　　（本书如有印装质量问题，本社营销中心负责退换）

研究项目概述

1. 研究项目背景与立题依据

减重降耗、提高安全性是汽车材料追求的重要指标，先进高强度钢（AHSSs）具备优异的综合力学性能，能同时满足减重和安全性，因而在汽车行业的需求逐步增长。随着对性能要求的不断提升及实现工艺可行的低成本生产，AHSSs 经历了不断发展与创新的历程，形成了三代系列钢种。

淬火—配分（Q&P）钢是 2003 年涌现出的新一代 AHSS，该工艺利用碳配分机制在马氏体基体中引入 5%~15% 的纳米薄膜状残余奥氏体（RA），通过在变形过程中与硬相马氏体协调变形并提供 TRIP 效应，实现材料强塑性的大幅度提升，成功解决了强度塑性的"Trade-off"。鉴于其优异的力学性能和相对较低的生产成本，广大学者以及企业围绕成分、工艺和机理等方面展开了广泛研究。截至目前，传统的 Q&P 工艺已经逐步演变为 Q-P-T、QT&P 等工艺，研究成分从初始的 TRIP 钢成分 0.2C-1.6Mn-1.6Si（质量分数,%）逐渐转向增加或者添加 C、Mn、V、Ti 和 Nb 等元素，形成了系列的成分体系。当前的大多数研究采用冷轧退火、离线热处理等方式，并且添加较多合金元素以保证退火时材料的淬透性以及最终的性能。截至目前，国内外仅有少数几家钢铁公司开发出工业化产品，但因其工艺复杂、合金含量高，生产成本较高，仅限于部分高端车型的应用。

考虑到 Q&P 工艺中所必需的等温配分和在线快速加热过程在传统退火线上难以实现，因此，2008 年 Thomas 提出一个全新的概念，即将 Q&P 理念引入热连轧生产线，通过在线淬火和热轧卷余热配分的方式来获得 Q&P 组织。热轧 DQ&P 的理念相比于传统冷轧退火方式极大程度地缩短了工艺流程，节省了生产时间，大幅度降低了生产成本。然而，低温淬火的难控制、卷取冷却过程中碳配分的复杂性以及热轧低温淬火板形控制等问题又使得该理念停滞不前。目前，仅有少数学者对热轧 DQ&P 工艺进行了研究，缺乏完善的实验数据和理论基础。

我国是钢铁生产大国与强国，在热轧板领域有着丰富的技术、经验以及研究成果，特别是近十余年来东北大学轧制技术及连轧自动化国家重点实验室（RAL 实验室）开发的以超快冷为核心的新一代 TMCP 成套工艺与装备技术在国内多条热连轧产线上成功应用，实现了节约型成分设计，融合细晶、位错、相变以及析出等各种强化机制，充分挖掘了材料的潜能，达到了降本增效、提质增效的效果，为国内外市场持续供给大量高品质热轧产品，助力我国钢铁行业的蓬勃发展。近年来，钢铁行业面临产能过剩等巨大压力，因此，节能减排、调整产品结构、推进绿色高品质产品开发等尤为重要。"以热代冷"能有效降低生产成本，在生产高品质钢铁产品方面具有可期的发展前景，特别是随着先进轧制技术的发展，如 ESP（全无头轧制），能实现超薄规格热轧带钢的稳定轧制，并且能精确控制温度，保证良好板形和表面质量，为开发高品质热轧产品提供了重要支撑。因此，依靠当前先进热轧 TMCP 工艺技术开发高品质热轧产品具有可行性和迫切性。

2. 研究进展与成果

本研究围绕热轧 DQ&P 工艺，系统研究了不同配分方式下的组织演变过程，包括压缩变形与配分参数对组织演变的影响，以及动态配分条件下热动力学参数对残余奥氏体的影响。基于热模拟研究规律进行热轧工艺设计，通过结合控轧控冷和动态配分原理进行多相、多尺度的组织调控，获得双相（马氏体+残余奥氏体）和复相（铁素体、马氏体和残余奥氏体）的典型 Q&P 组织，并分析讨论了组织和力学性能之间的关系。特别地，对残余奥氏体的形态、数量和稳定机制以及残余奥氏体和力学性能之间的关系进行了探究，观察分析了典型复相 Q&P 组织的裂纹扩展机理。此外，基于复相组织调控原理对 Q&P 钢的基本成分设计约束进行了研究，设计并开发了节约型低碳 DQ&P 钢的生产工艺。

本研究工作的主要进展：

（1）采用低碳硅锰钢成分进行热模拟实验，系统研究了等温配分热轧 DQ&P 工艺，验证了热轧 DQ&P 工艺的可行性，明确了变形以及配分参数对残余奥氏体的影响规律。

（2）研究了低碳硅锰钢动态配分行为以及热/动力学参数对残余奥氏体的影响，揭示了动态配分过程的相变行为及残余奥氏体稳定性机制，提出了适用于热轧直接淬火—动态配分处理的工艺窗口。

（3）结合 TMCP 和 Q&P 工艺获得典型双相和复相 Q&P 组织，分析了组织和性能的对应关系以及典型复相 Q&P 组织的裂纹扩展行为，明确了热轧工艺条件下提升 Q&P 钢强塑性的原理和工艺路径。

（4）基于复相组织调控原理，进一步研究了碳含量对稳定残余奥氏体的影响机理，提出了适于 DQ&P 工艺处理的碳含量临界值，为节约型 DQ&P 钢的设计提供指导。

（5）结合实验室基础研究，在国内某大型钢厂进行了热轧 DQ&P 钢的工业试制，成功获得了典型 Q&P 组织，性能达到 Q&P1180 级别。

3. 论文及获奖

论文：

（1）袁国，康健，张贺，李云杰，胡虹玲，王国栋．Q&P 工艺理念在热轧先进高强度钢中的应用研究［J］．中国工程科学，2014，16（1）：59~65．

（2）康健，张贺，袁国，王国栋．低碳 Si-Mn 钢直接淬火—等温配分工艺中组织演变［J］．东北大学学报，2015，36（1）：24~28．

（3）李云杰，刘洺甫，胡虹玲，杨靖妍，刘明瑞，王国栋．非等温碳配分条件下热轧 DQ&P 工艺研究［J］．轧钢，2015，32（2）：13~17．

（4）张贺，康健，袁国，王国栋．淬火—非等温配分下淬火温度对显微组织影响［J］．轧钢，2015，32（4）：12~15．

（5）Kang J, Wang C, Li Y J, Yuan G, Wang G D. Effect of direct quenching and partitioning treatment on mechanical properties of a hot rolled strip steel［J］. Journal of Wuhan University of Technology：Mater Sci. , 2016, 31：178~185.

（6）Li Y J, Li X L, Yuan G, Kang J, Chen D, Wang G D. Microstructure and partitioning behavior characteristics in low carbon steels treated by hot-rolling direct quenching and dynamical partitioning processes［J］. Materials Characterization, 2016, 121：157~165.

（7）李云杰，康健，袁国，王国栋．低碳 Si-Mn 系 DQ&P 钢组织演变模

拟研究 ［J］. 东北大学学报，2017, 38（1）: 36~41.

（8）Li Y J, Chen D, Li X L, Kang J, Yuan G, Misra R D K, Wang G D. Microstructural evolution and dynamic partitioning behavior in quenched and partitioned steels ［J］. Steel Research International, 2017, 88（11）: 1~11.

（9）李晓磊，李云杰，康健，袁国，王国栋. 低碳 Si-Mn 钢的直接淬火—动态配分（DQ&P）工艺研究 ［J］. 金属热处理，2017, 42（12）: 95~99.

（10）李晓磊，李云杰，康健，袁国，王国栋. 工艺参数对直接淬火—配分钢组织演变的影响研究. 河钢东大会议，2017.

（11）Li X L, Li Y J, Kang J, et al. Control of carbon content in steel by introducing proeutectoid ferrite transformation into hot-rolled Q&P process ［J］. Journal of Materials Engineering and Performance, 2017, 23: 315~323.

（12）Li Y J, Kang J, Zhang W N, Liu D, Wang X H, Yuan G, Misra R D K, Wang G D. A novel phase transition behavior during dynamic partitioning and analysis of retained austenite in quenched and partitioned steels ［J］. Materials Science and Engineering A, 2018, 710: 181~191.

（13）李晓磊，李云杰，康健，袁国，王国栋. 热轧马氏体/贝氏体区直接淬火–配分钢组织性能研究 ［J］. 轧钢，2018, 3: 7~12.

（14）Li Y J, Chen D, Liu D, Kang J, Yuan G, Mao Q J, Misra R D K, Wang G D. Combined thermo-mechanical controlled processing and dynamic carbon partitioning of low carbon Si/Al-Mn steels ［J］. Materials Science and Engineering A, 2018, 732: 298~310.

（15）Li Y J, Liu D, Zhang W N, Kang J, Chen D, Yuan G, Wang G D. Quenching above martensite start temperature in quenching and partitioning（Q&P）steel through control of partial phase transformation ［J］. Materials Letters, 2018, 230: 36~39.

科研获奖:

（1）非等温碳分配条件下热轧 DQ&P 工艺研究，2015，辽宁省教育厅: 大学生创新实验计划优秀论文。

（2）高强塑积热轧 DQ&P 钢工艺优化设计，2016，中国金属学会: 第二届冶金青年创新创意大赛高校组二等奖。

4. 项目完成人员

主要完成人员	职　称	单　位
袁国	教授	东北大学 RAL 国家重点实验室
王国栋	教授（院士）	东北大学 RAL 国家重点实验室
康健	讲师	东北大学 RAL 国家重点实验室
李振垒	讲师	东北大学 RAL 国家重点实验室
李云杰	博士研究生	东北大学 RAL 国家重点实验室
张贺	硕士研究生	东北大学 RAL 国家重点实验室
李晓磊	博士研究生，工程师	东北大学 RAL 国家重点实验室 首钢股份公司迁安钢铁公司
王学强	博士研究生，工程师	东北大学 RAL 国家重点实验室 首钢股份公司迁安钢铁公司

5. 报告执笔人

袁国、康健、李云杰。

6. 致谢

本研究工作离不开课题组成员的团结协作、上下一心，同时得到了实验室领导和同事的帮助与支持，方才使得研究工作顺利进行，达到预期良好成效。

感谢国家自然科学基金项目（51504063）以及中央高校基本业务费（N130407001，N160706001）对该研究工作的资助。

最后，我们还要感谢实验室的老师崔光浠、田浩、王佳夫、张维娜、薛文颖、吴红艳、冯莹莹、赵文柱，以及办公室张颖、李钊、沈馨、孟丽娟、王凤辉等对该研究工作的长期帮助与支持！

目　　录

摘　　要

　　钢铁工业是国民经济的支柱产业，长期以来为国家的建设持续不断地提供重要原料。钢铁产品广泛应用于我国建筑、船舶、汽车以及航天航空等行业，推进了我国工业化、现代化进程，在过去几十年一直是国家经济发展的中坚力量。然而在经济快速发展的进程中，能源枯竭、环境污染与可持续发展的矛盾成为了约束性难题，低碳、环保和绿色对我国钢铁行业的发展提出了新需求和新挑战。目前我国钢铁行业面临着以下几个方面的问题：产能过剩矛盾愈发突出、创新发展能力不足、环境能源约束性不断增强等。因此，深化改革、提高自主创新、调整产品结构、增强高品质钢材供给、推进绿色制造已迫在眉睫。

　　汽车行业的发展拉动了对钢材的需求，能有效缓解钢铁行业面临的巨大压力。目前，先进高强度钢（AHSS）已经广泛应用于汽车的不同部位，包括结构件、轮辋、轮毂以及面板等。然而，随着汽车材料发展对减重、安全性要求的不断提升，对供给端钢铁公司提出了开发新型汽车用高品质钢的难题。淬火—配分（Q&P）钢是新一代 AHSS，因其能获得优异的力学性能和具备较低的制造成本而受到了广大研究学者和企业的关注。但目前仅有为数不多的企业能生产出工业化产品，并且开发成本相对较高，具有大幅度优化的空间，存在急待解决的问题。借鉴"以热代冷"的思路，采用新一代 TMCP 工艺进行高品质钢材的开发符合低碳环保、绿色发展的理念，并且能充分挖掘材料的潜能，实现节约型成分设计，大幅度降低生产成本。因此，本研究提出"TMCP+Q&P"新型工艺，旨在开发新一代先进高强度汽车用 Q&P 钢。主要开展了以下工作：

　　（1）介绍了先进高强度钢的发展现状，提出并分析了"TMCP+Q&P"工艺的可行性以及优势；

　　（2）介绍了变形条件以及等温配分过程各参数对组织演变规律的影响，总结出 RA 含量的变化规律；

（3）介绍了动态配分行为并揭示了其机理机制，讨论了动力学参数的影响，提出可用于 DQ&P 处理的淬火工艺窗口；

（4）介绍了典型马氏体、残余奥氏体两相 Q&P 组织的力学性能特点，讨论了卷取温度的影响；

（5）介绍了典型铁素体、马氏体、残余奥氏体复相 Q&P 组织调控方法，比较分析了力学性能差异，并讨论了复相组织断裂机制；

（6）介绍了低碳 DQ&P 处理对 RA 稳定的影响，获得了用于 DQ&P 处理的低碳硅锰钢的临界碳含量；

（7）介绍了基于新一代 TMCP 技术的热轧 DQ&P 钢的工业试制情况。

关键词：先进高强度钢，新一代 TMCP 工艺，热轧直接淬火—配分钢（DQ&P），动态碳配分，残余奥氏体，淬火工艺窗口，力学性能，工业试制

1 先进高强度钢的研究进展

1.1 AHSS 发展历史与现状

近年来，由于能源环境等问题日益突出，汽车工业正朝着"节能减排，绿色制造"方向发展，因此对汽车用材料提出了新的需求——低密度、高强度和高塑性等。虽然目前许多新型材料在汽车中的应用对钢铁材料产生了重大的冲击，比如铝镁合金[1~3]，但是钢铁材料仍然占有主导地位。从宝马研究出的全铝车身的应用来看，汽车减重到一定程度难以保证运行的平稳和安全性，再者其他材料相较于钢铁材料而言具有较低的强度，在一些安全结构件和承载件上无法替代钢铁材料。图 1-1 所示为某车型的材料使用情况，从图中可以看到钢铁材料的使用比例高达 56%。研究表明，车重每减轻 10% 可节省油耗 3%~7%，为了兼顾汽车轻量化以及安全性，先进高强度用钢[4,5]

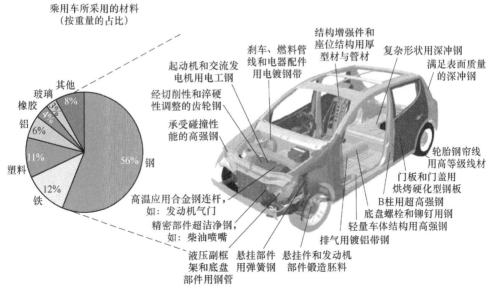

图 1-1 某车型汽车结构及材料使用情况

（AHSS）在汽车材料中被广泛研究与应用。汽车用钢经历了不断的演变过程，从传统用钢，到第一、二代先进高强度用钢（AHSS），再到第三代先进高强度用钢，材料的综合性能不断地提升，并且工艺更易于实现工业化生产。

国际钢铁协会（IISI）将高强度钢分为传统高强度钢（conventional HSS）和先进高强度钢（AHSS）。传统高强钢主要包括碳锰钢（C-Mn）、烘烤硬化（BH）钢、高强度无间隙原子（HSS-IF）钢和高强度低合金（HSLA）钢。而 AHSS 则具备更高的强度，屈服强度通常不小于 280/300MPa，抗拉强度不小于 590/600MPa，主要包括双相钢（DP）、相变诱导塑性（TRIP）钢、马氏体（M）钢、复相钢（CP）、热成型（HF）钢和孪晶诱导塑性（TWIP）钢以及 Q&P 钢和中锰钢等。AHSS 体现出优良的强塑性结合，在汽车轻量化和提高安全性方面起着非常重要的作用，部分品种已经广泛应用于汽车工业，如 DP 钢、马氏体钢以及热成型钢等，主要应用于汽车结构件、安全件和加强件，如 A/B/C 柱、车门槛、前后保险杠、车门防撞梁等零件。

图 1-2 所示为各代 AHSS 钢的对应性能。以 IF、DP、MART 等钢为主的第一代 AHSS，生产工艺成熟，已经广泛应用于汽车不同部位，例如 DP 钢在车身制造中占 50% 以上的比例。但是由于其较低的强塑积，不能满足更高安全性的要求，从而制约了其发展。以 TWIP 钢为主的第二代 AHSS，强塑积高达 50GPa·%，因其较低的屈服强度和较高的合金含量导致的高成本等特点限制了其发展应用。那么，采取低成本控制，实现强度与塑形的良好匹配，强塑积超过 20GPa·% 成为第三代 AHSS 的研究目标。淬火—配分钢（Q&P 钢）

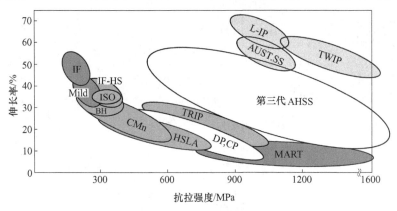

图 1-2　各类汽车用钢板拉伸强度和伸长率的关系

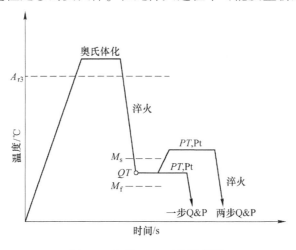

是第三代 AHSS 的典型代表,可实现较低成本控制和优异的强塑性结合,已成为目前的研究热点。

1.2 Q&P 工艺简介及研究现状

淬火—配分工艺[6,7] (quenching and partitioning) 是一种生产第三代先进高强度钢的最具潜力的工艺。2003 年,Speer 关注到碳配分的现象,首次提出淬火—碳配分工艺,主要包含以下几个过程 (图 1-3): (1) 奥氏体化过程——将实验钢加热至奥氏体化温度区间,并保温足够长时间,使初始组织完成奥氏体化的过程,奥氏体尺寸晶粒大小达到一定程度,并且元素扩散均匀。(2) 淬火过程——将完全奥氏体化后的试样淬火至马氏体转变温度区间 QT (淬火温度),进行短暂的保温,生成一定比例的初始马氏体和未转变奥氏体。(3) 配分过程——配分过程的目的是为了使碳原子从过饱和的一次淬火马氏体向未转变奥氏体扩散,从而稳定奥氏体。实现配分过程有两种方式:一种是直接在淬火温度保温一段时间,这种配分方式被称为一步配分法;第二种是升温至 QT 温度以上的某个温度 PT (配分温度),然后再保温一段时间,该种配分方式称为二步法配分。由于配分温度不同将会对碳原子扩散速率产生影响,因此具有不同的最佳配分时间,但是二者最终的目的均是实现奥氏体富碳。(4) 二次淬火过程——该过程即是在配分结束后将试样淬火至室温,保留稳定性足够的奥氏体。在此淬火过程中可能发生新鲜马氏体相变,

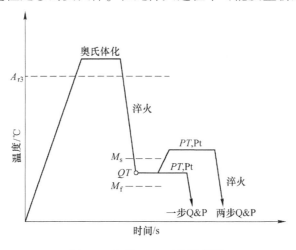

图 1-3 典型 Q&P 工艺示意图

取决于未转变奥氏体的碳含量。经过以上的四个步骤的热处理过程，最终能够获得马氏体和残余奥氏体的混合组织，残余奥氏体体积分数一般大于5%，该组织呈现出高强度和高塑性结合的特点，综合力学性能优良。因此Q&P工艺是现阶段广泛研究的一种具有潜力生产新一代高强度汽车用钢的工艺技术。

1.2.1 Q&P 钢热处理工艺和组织研究

自淬火—配分概念提出以来，国内外学者关于工艺参数、化学成分对组织性能演变的影响研究较多。刘和平[8,9]等将形变诱导铁素体相变与Q&P工艺相结合，将低碳钢加热到奥氏体相变温度A_{c3}以上，使其均匀奥氏体化，然后以一定速度冷却到A_{r3}温度附近，进行大压下量变形，从而获得超细铁素体晶粒，之后再淬火到一个特定温度（$M_s \sim M_f$），以获得马氏体和残余奥氏体组织，并在此温度保温一段时间实现碳配分。陈连生[10]等人对0.20C-1.28Mn-0.37Si（质量分数,%）实验钢进行Q&P处理，探究最佳配分温度，实验配分温度设定为350℃、400℃、450℃和530℃。结果表明，在配分温度为400℃时强塑积达到最大值22610MPa·%，同时残余奥氏体的体积分数也在400℃达到最大值5.3%。董辰[11]等人对成分为0.18C-1.48Si-1.40Mn-0.25Al（质量分数,%）的Q&P钢进行研究，探究最佳淬火温度。结果表明，淬火温度为250℃时，强度为1125MPa，伸长率为21.6%，强塑积达到最佳值24300MPa·%。张玉杰[12]等人研究了变形温度对Q&P钢组织和硬度的影响，变形温度分别为1100℃、1000℃、850℃、750℃和650℃。结果表明，变形温度为750℃的样品经Q&P工艺处理后残余奥氏体量为17.2%，钢的强塑积约为24.2GPa·%，此时钢的维氏硬度为413.5，换算成抗拉强度约为1365MPa。韦清权[13]等研究了获取最佳配分的时间。结果表明，随着配分时间的增加，实验钢抗拉强度和残余奥氏体含量都呈下降趋势，伸长率呈上升趋势，当配分时间增加到最大值300s时强塑积最大。N. Maheswari[14]等分析合金元素对Q&P钢组织性能的影响。文中三种钢板含有不同含量的C、Si、Mn、Al元素，三种钢中残余奥氏体含量为15%~18%，相差不大。其中，高C、Si、Al，低Mn钢具有最高的抗拉强度（979MPa）和最低的冲击功（48MJ）；高Mn，低C、Si钢具有最低的抗拉强度（882MPa）和最高的冲击功（188MJ）；中等含量的C、Si、Mn，低Al性能介于两者之间（分别为

942MPa 和 133MJ）。可见，Mn 元素对冲击功作用较大，可提高钢板塑性，而 C、Si、Al 主要提高钢板强度。蔺振[15]等研究了两相区退火 Q&P 钢的组织性能。实验钢的成分为 0.21C-1.50Si-1.80Mn（质量分数,%），两相区退火 Q&P 钢的显微组织为铁素体、板条马氏体和残余奥氏体，抗拉强度达到 1000MPa 以上，伸长率也高达 23%，强塑积为 22826MPa·%，高于完全奥氏体区热处理后的钢板，同时得到大量的残余奥氏体组织。此外，Jing Sun[16]等人将化学成分为 0.2C-1.5Si-1.9Mn（质量分数,%）的实验钢在两相区保温之后进行淬火和配分处理。结果表明，实验钢的抗拉强度在 990~1100MPa，总伸长率达到 25.9%~29.3%，具有较好的强度和塑性。S.S.Nayaka 等人[17]研究了 Q&P 工艺对不同成分体系的中碳钢和高碳钢显微组织的影响，得到 Si 含量对 Q&P 工艺中的碳分配过程影响规律。关于配分过程中元素扩散以及界面迁移等也展开了相应的研究。J.G.Speer[18]等提出 CCE 模型，假定配分过程界面不移动以及不考虑碳化物等析出条件，进而获得特定成分下的最佳淬火温度，可指导热处理工艺的制定，如图 1-4 所示为约束平衡条件下吉布斯自由能和化学成分的关系。D.V.Edmonds 和 J.G.Speer 等[18]深入分析了碳分配行为的热力学与动力学原理。M.J.Santofimia[19]等利用 Dictra 软件模拟计算了不同驱动力下的界面移动情况以及对配分过程中组织演变的影响。A.J.Clarke[20]等利用动力学模型进行计算研究表明，残余奥氏体体积分数对淬火温度不敏感，在较宽的淬火温度区间仍然保持相对稳定的体积分数。此外，A.J.Clarke 等[21]利用 XRD 实验确定了残余奥氏体体积分数，并结合理论计算得出形成马氏体/奥氏体碳元素分配优先于形成无碳化物贝氏体，但却不能完全抑制或排除后者在配分阶段的形成。Yuki Toji[22]等在 Speer 提出的 CCE 模型基础上进一步考虑碳化物的析出，重新建立碳化物析出的新平衡模型，认为在配分稳定时，碳的化学势在马氏体、奥氏体和碳化物中保持相等。

以上的研究均是基于传统典型的 Q&P 工艺展开，在后续的研究中诸多学者有了一些较为新颖的思路，从改进组织、优化工艺等出发点提出了一系列基于 Q&P 工艺的衍生工艺，如 Q-P-T、QT&P 和 DQ&P 等。

1.2.2 Q-P-T 钢热处理工艺和组织研究

Q-P-T 工艺即淬火—配分—回火工艺，是由上海交通大学徐祖耀教授提

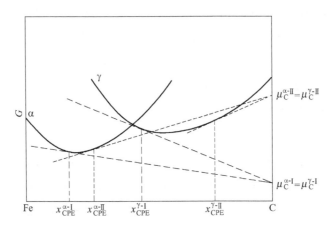

图 1-4 约束碳平衡准则条件下对应的吉布斯自由能和化学成分的关系

出[23~25]，该工艺在传统 Q&P 工艺的基础上增加了一个高温回火的过程，目的是为了在回火过程中在马氏体基体上析出合金碳化物，进一步强化马氏体基体，从而获得更高强度和高塑性的结合，提升材料的综合力学性能。与该工艺的成分设计有所不同，化学组成上要求在典型 Q&P 钢成分的基础上加入 Mo、Ni、Nb 等合金元素，一方面这些合金元素可以起到细化晶粒的作用；另一方面在回火过程中可形成复杂析出相，起到析出强化的效果。钟宁[26] 和张柯[27] 等分别对 Q-P-T 工艺下的组织进行了表征，可以看出，经过 Q-P-T 处理后马氏体板条件存在薄膜状的奥氏体，其尺寸为 50～100nm，此外在马氏体基体上发现较多的纳米尺度的碳化物析出相，如图 1-5 和图 1-6 所示。钟宁等研究的低碳 Q-P-T 钢具有较高强度，大于 1500MPa，伸长率大于 15%，强塑积超过 22GPa·%。张柯[28] 研究的 Fe-0.2C-0.03Nb（质量分数,%）经过 Q-P-T 处理后抗拉强度为大于 1200MPa，伸长率大于 15%。当增加碳含量至 0.4% 时，抗拉强度大于 1500MPa，伸长率可达到 20%，强塑积大于 30GPa·%，组织如图 1-7 所示。

利用 Q-P-T 工艺，贾晓帅[29] 等研究了最低屈服强度为 235MPa 的 Q235 钢经新型淬火—分配—回火（Q-P-T）工艺处理后的力学性能和焊接性能。结果表明，经 Q-P-T 处理后的 Q235 钢（QPT235 钢）强度得到了大幅度的提升：屈服强度和抗拉强度分别达到 435MPa 和 615MPa。采用相同焊料和焊接工艺，QPT235 钢焊接接头的力学性能比 Q235 钢显著提高，前者的抗拉强度

图 1-5 Fe-0.2C-1.5Mn-1.5Si-0.05Nb-0.13Mo 钢 Q-P-T 处理
（220℃淬火，400℃回火 40s 后）残余奥氏体和碳化物的 TEM 观察
a，b—残余奥氏体的明暗场相；c，d—碳化物的明暗场相

约为 532MPa，伸长率约为 16.7%，而后者的抗拉强度约为 414MPa，伸长率约为 12.4%。此外，基于 Q-P-T 工艺，王颖[30]等提出了残余奥氏体吸收位错的新效应，称为 DARA 效应，采用低碳 Fe-0.25C-1.48Mn-1.20Si-1.51Ni-0.05Nb（质量分数，%）钢通过新型 Q-P-T 工艺处理后获得高的抗拉强度和良好伸长率的综合性能。对该低碳 Q-P-T 钢在拉伸过程中残余奥氏体含量的 XRD 测定和形变孪晶马氏体的 TEM 观测，证明了相变诱发塑性（TRIP）效应的存在。基于形变过程中马氏体和残余奥氏体中的平均位错密度测定和 TEM 的观察，验证了在中碳钢中最新发现的残余奥氏体吸收位错（DARA）新效应在低碳钢中同样存在，由此提出了 DARA 效应产生的条件，阐明了残

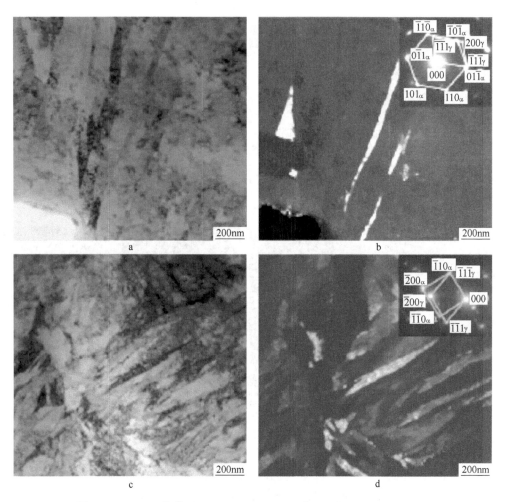

图 1-6　Q-P-T 工艺处理 Fe-0.2C-0.03Nb（a 和 b）和 Fe-0.4C-0.03Nb
（c 和 d）的 TEM 明场相和残余奥氏体暗场相

余奥氏体增强高强度钢塑性的机制。

1.2.3　Q-TP 钢热处理工艺和组织研究

　　典型的 Q&P 工艺以及 Q-P-T 工艺的力学性能均严重依赖于淬火温度的选择，淬火温度决定了配分前的初始组织状态，在很大程度上决定了最终残余奥氏体的体积分数，因此对力学性能有较大的影响。一般研究认为，相同的配分条件下，淬火温度越低，实验钢的强度越高，伸长率越差。也有研究指出，淬火温度和强度不呈现简单的线性关系[31~33]，因为二次淬火过程中会产

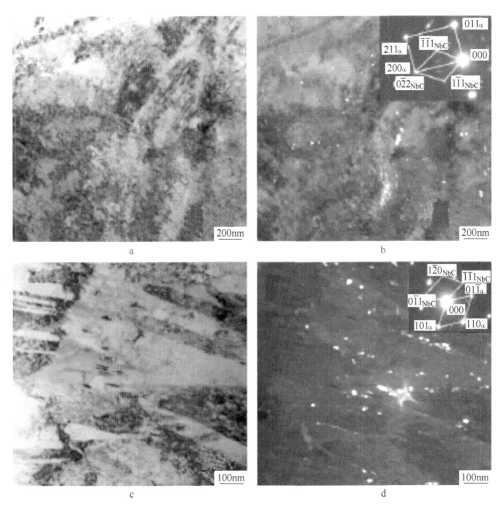

图 1-7   Q-P-T 工艺处理 Fe-0.2C-0.03Nb (a 和 b) 和 Fe-0.4C-0.03Nb

(c 和 d) 的 TEM 明场相和碳化物暗场相

生一定含量的新鲜马氏体,该部分马氏体具有较高的碳含量,能显著提高材料的强度,因此淬火温度较高时实验钢仍然具有高的强度。无论哪种研究均表明,淬火温度的变化均能显著影响力学行为。

基于工业化应用的角度考虑,由于淬火温度在生产中精确控制相对比较困难,尤其对于 Q&P 工艺特殊的低温淬火过程,因此,易红亮[34]等提出了 Q&TP 工艺。该工艺类似传统的淬火回火工艺,即将实验钢淬火至室温,随后升温进行等温处理。Q&TP 工艺的关键在于通过成分的设计使得 M_f 点低于室温，相当于把室温作为传统 Q&P 研究中的淬火温度，试样直接淬火至室温，此时组织由部分一次淬火马氏体和未转变奥氏体组成，随后通过一个简单的回火过程进行碳配分，从而获得较多室温下稳定的残余奥氏体，热处理工艺如图 1-8 所示。

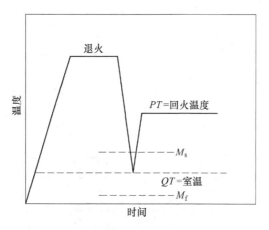

图 1-8　Q&TP 热处理工艺示意图

Q&TP 工艺的明显优势在于淬火温度能得到稳定精确的控制，并且整个热处理过程和目前广泛研究应用的 Q-T 工艺相同，没有附加的热处理过程，易于实现工业化，还能有效地获得较多的残余奥氏体，其力学性能和传统 Q&P 钢类似，具有高强度和高塑性的特点。图 1-9 所示为经 Q&TP 处理后的典型扫描组织，可以看出组织由铁素体、马氏体和残余奥氏体组成，经 XRD

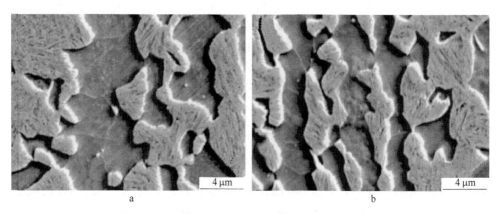

图 1-9　Fe-0.4C-0.5Mn-0.2Si-0.5Cr-3.5Al wt.% 经 Q&TP 处理后的典型组织

a—300℃回火 600s；b—350℃回火 600s

测量其残余奥氏体含量均大于 10%。图 1-10 所示为经 Q&TP 处理后的实验钢和其他热处理工艺的力学性能对比，可以看出 Q&TP 钢具有良好的强塑性结合，和传统 Q&P 处理的实验钢力学性能相当。

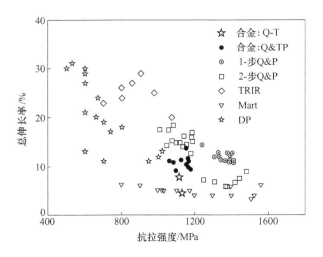

图 1-10　Q&TP 和其他钢种力学性能对比

1.3　DQ&P 工艺的提出及可行性分析

传统 Q&P 钢的生产工艺技术是采用离线热处理的方式，如果能够将 Q&P 工艺理念应用于普通热连轧生产线，那将对先进高强度 Q&P 钢的工业化生产及广泛应用起到巨大的推动作用。因此，有学者提出了 DQ&P 工艺，即热轧直接在线淬火配分工艺。

在 2008 年，Thomas[35] 等提出将 Q&P 理念引入热连轧的概念，并通过热模拟实验验证了其可行性，得到的组织中含有一定量的残余奥氏体。但是关于该工艺的研究报道较少，并且在线淬火—碳分配（DQ&P）工艺的淬火温度稳定控制是一大难题。万德成[36~38] 等认为，结合直接淬火和 Q&P 工艺的新型在线热处理 DQ&P 兼具两种工艺的优点，可缩短工艺流程，能有效利用轧后余热，节约能源，降低生产成本。同时实验室研究表明，对于高强工程机械用钢，DQ&P 工艺能提高残余奥氏体的体积分数和残余奥氏体中的碳含量，在获得高强度的同时提高韧性。谭晓东[39] 等研究了热轧直接淬火—配分钢中配分过程对组织性能的影响，采取超快速冷却、空冷、层流冷却三种动态配分方式和等温配分方式。研究表明，DQP 钢包含板条马氏体和板条间的残余奥氏体，奥氏体体积分数达到 10%~17%，厚度约 60nm，动态配分钢中残余奥氏体与周围马氏体呈现 K-S 位向关系。动态配分钢中马氏体板条更细，位错密度较大，随着冷却速率的降低或配分时间的增加，马氏体板条变宽，位错密度降低，同时又有碳化物沉淀的生成。结果还表明，HDQP 钢板中，塑性应变在 5% 以下，残余奥氏体中碳浓度（质量分数）低于 1.5% 条件下可以更好地进行 TRIP 效应，TRIP 效应在动态配分钢中较明显。HDQP 钢板取得了较好的综合力学性能，强塑积达到 22000~25000MPa·%，其中，强度达到 1300~1600MPa，断后伸长率达到 14%~18%。

目前的研究结果显示，DQ&P 工艺具有明显的优势，可大大缩短工艺流程，并且可以获得强塑性良好的 Q&P 组织类型。该工艺和企业的热连轧生产线吻合较好，如图 1-11 所示，钢坯经过轧制变形后直接冷却至马氏体相变温度区间，随后置于保温炉、加热炉或者地坑中处理即可，在生产线上易于实现，因此 DQ&P 工艺是一种十分具有潜力的生产 Q&P 钢的短流程工艺。

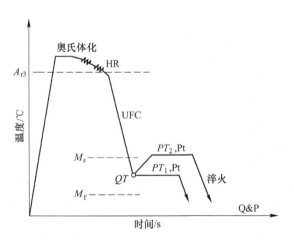

图 1-11　直接—淬火配分（DQ&P）工艺示意图

1.4　基于新一代 TMCP 技术的 DQ&P 工艺再创新

将 Q&P 工艺理念应用于热轧生产线，本课题组进行了相关研究，并已取得初步进展，验证了热轧 DQ&P 钢的可行性，并获得性能良好的实验原型钢[40~42]。基于工业化生产工艺稳定性控制的考虑，创新性地提出了"TMCP+

Q&P"的思路，新工艺如图 1-12 所示，实验钢在进行两阶段控制轧制后，可灵活控制冷却路径：（1）通过引入空冷弛豫过程或者分段式冷却过程引入适量尺寸可控的软相铁素体；（2）通过淬火至贝氏体和马氏体不同相变温度区间获得硬相基体组织；（3）通过淬火后的连续缓慢冷却过程完成碳配分过程，进而获得适量残余奥氏体组织。在新工艺条件下，可实现组织的灵活调控，获得以贝氏体和马氏体为基体，配比铁素体和残余奥氏体的多相复合型 Q&P 钢。其间，在弛豫过程或者分段式冷却中还可引入析出强化机制，进一步提升实验钢的强度，可大幅度挖掘低碳硅锰钢的性能潜力，实现一钢多级的生产。

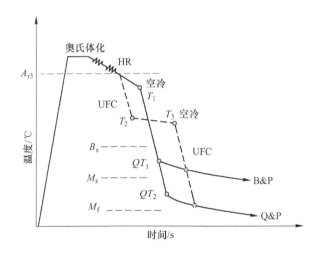

图 1-12　TMCP+Q&P 创新型工艺

与传统 Q&P 工艺不同，该工艺以热代冷，省却了传统研究中冷轧退火、离线热处理等复杂工序，大幅度降低了生产成本；引入轧制变形，细晶强化效果明显；引入先共析铁素体有利于稳定残余奥氏体，进一步提升实验钢性能；卷取余热配分，淬火温度、卷取温度和配分开始温度一致，其性能组织调控更具挑战性。

在新工艺条件下，实验钢将获得以马氏体为主导，配比适量铁素体和残余奥氏体的组织，降低了屈强比，抗拉强度可保持较高级别（大于 1000MPa），具有较高的塑性（伸长率大于 20%），强塑积超过 20GPa·%，弥补了传统 Q&P 钢成型性能差的缺点。

为了在工业化生产中实现工艺的稳定化控制以及探索 TMCP 技术与 Q&P 理念结合的组织调控机理，有以下研究要点和待解决难题：

（1）轧制变形对 Q&P 组织演变以及碳配分的影响机理。

目前，关于 Q&P 钢组织演变以及配分模型建立的研究主要采用冷轧退火和离线热处理等方式。而在轧制变形条件下，晶粒细化以及位错缺陷的增多，将对过冷奥氏体的相变行为产生较大的影响；同时，轧制变形结合卷取时，碳配分行为将会有新的机理，晶粒细化和位错缺陷的增多将提供更多的碳扩散通道，卷取配分，碳原子的扩散系数将不是常数，以往的 CCE 模型在该条件下需要更改，甚至重新建立新的数学模型。

（2）先共析铁素体的引入以及其对稳定 RA 的影响。

在新工艺条件下，先共析铁素体的引入可采取多种方式：两相区控轧、单相区控轧+空冷、单相区控轧+层冷+空冷等。那么针对不同的铁素体引入方式，获得的铁素体在晶粒尺寸和硬度上具有较大的差异，将直接对屈强比产生影响。因此，不同的引入方式以及其最优性能时的铁素体最佳含量需要进一步进行研究；同时，在铁素体相变时，使得邻近奥氏体局部富碳，结合后续碳配分过程，将有利于获得 RA，最终组织中可获得不同形态及尺寸的 RA，提供持续的 TRIP 效应。

（3）卷取工艺窗口以及卷取余热配分条件下的组织演变新机理。

新工艺条件下，卷取配分时各种竞争机制同时产生，碳化物析出、相变、残余奥氏体稳定化等的机理有待研究。结合实际生产，考虑到钢卷内外表面、厚度等因素将会对配分行为产生影响，因此有必要对不同卷取温度和卷取冷却速率条件下的组织演变机理和配分行为进行研究；同时，低温淬火温度稳定化控制是国内外热连轧产线的共性难题，因此通过组织调控扩大卷取工艺窗口意义重大。

新工艺与目前热连轧产线的设备配置是相匹配的。图 1-13 所示为国内钢厂的典型热连轧产线后置超快冷示意图。新工艺可在如图所示常规冷却段通过开闭不同的喷嘴来实现先共析铁素体的不同引入方式（层冷或者空冷），其后置超快冷系统可实现直接在线淬火至马氏体温度区间，随后利用卷取设备进行卷取。

目前，在常规热连轧生产线上，利用 TMCP（控轧控冷）技术在非等温

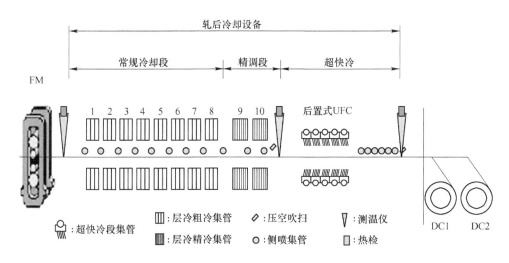

图 1-13 热连轧生产线后置超快冷的冷却系统配置示意图

条件下通过对组织相变行为的控制,可以获得包含马氏体/贝氏体/残余奥氏体组织的高强度钢,同时,随着热轧带钢新一代 TMCP 技术的广泛推广应用,为热轧 DQ&P 钢奠定了工业化生产的可行性基础。

2 等温配分 DQ&P 工艺热模拟实验

2.1 引言

2003 年，Speer 提出 Q&P 工艺的概念，所获得的显微组织是马氏体和残余奥氏体，马氏体提供强度，残余奥氏体提供塑性，使钢板具有良好的强度和塑性。区别于 Q&T 工艺，Q&P 工艺利用钢中 Si 或 Al（甚至 P）元素阻碍 Fe_3C 的析出，使碳从马氏体配分至未转变奥氏体中，进而富碳的奥氏体在随后冷却至室温的过程中不会转变为马氏体而保留下来。为了使残余奥氏体能够富集尽可能多的碳稳定至室温，Speer 等提出 Q&P 钢的成分中不包含任何碳化物形成元素，如 Nb、V、Ti、Mo 等。Q&P 工艺是一种后续热处理工艺，属于离线操作，不利于实际量化生产。为了实现在线生产的目标，采用变形后直接在线淬火至预设温度，并利用感应加热实现快速碳配分处理，完成直接淬火—碳配分工艺处理（DQ&P），可以实现能耗进一步降低和提高生产效率。本章主要基于直接淬火—碳配分处理工艺（DQ&P），优化工艺参数，以获得较好的综合力学性能。配分的主要目的是获取尽可能多的残余奥氏体，在变形时通过诱发 TRIP 效应，增加钢材的塑性和韧性。

本研究采用低碳硅锰钢来测定临界温度点，并以此为基础，在热力模拟试验机上，探究等温配分工艺下，不同工艺参数对直接淬火—碳配分工艺（DQ&P）得到的实验钢的组织和宏观硬度的影响，工艺参数包括变形温度、淬火温度、配分温度、配分时间和变形程度。研究不同工艺参数条件下组织与宏观硬度之间的关系，得出具有较好组织性能的工艺参数。

2.2 实验材料与方法

2.2.1 实验用钢的成分设计

本研究所用材料为低碳硅锰钢，该钢种成分设计主要考虑残余奥氏体的稳定化，因此在成分设计时，首先加入适当的碳以保证配分的进行，降低未转变残余奥氏体的马氏体转变温度；其次，加入一定含量的 Mn 元素，主要目的在于扩大奥氏体区，也使得奥氏体更加稳定化；最后，加入一定量抑制碳化物析出的元素，如 Si 和 Al，这些元素的作用在于减少渗碳体的形成，保证足够的碳用于稳定奥氏体。综合考虑淬透性和含量较高的残余奥氏体，实验钢的化学成分见表 2-1。

表 2-1　实验用钢的化学成分（质量分数,%）

C	Si	Mn	P	S	Al	O	N
0.21	1.617	1.63	0.0035	0.0016	0.05	0.0014	0.004

2.2.2　临界相变点的测定

本实验是在实验室全自动相变仪（Formastor-FⅡ）上进行，该设备用于 A_{r1}、A_{r3}、A_{c1} 及 A_{c3} 临界相变点的测定，钢的连续冷却转变的测量及曲线图的绘制，钢的等温转变的测量及曲线图的绘制，马氏体转变点的测量及各种热循环试验。

实验用钢测定临界温度点的工艺如图 2-1 所示，利用相变膨胀仪将试样以 10℃/s 的速度加热至 500℃，之后以 0.05℃/s 的速度缓慢加热至 1200℃，并在此温度下保温 60s，最后以 10℃/s 的冷却速度冷却至室温，记录加热和冷却过程中试样直径的变化。图 2-2a 所示为 A_{c1} 和 A_{c3} 的温度值，从图中可知，

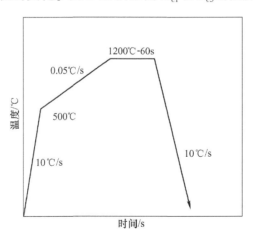

图 2-1　膨胀法测试工艺示意图

A_{c1} 和 A_{c3} 的值分别为 690℃ 和 858℃，从图 2-2b 中可得知，M_s 和 M_f 的温度分别为 407℃ 和 203℃。

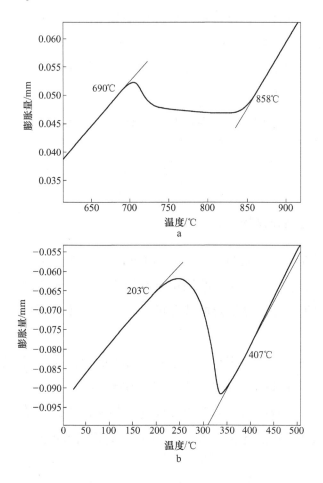

图 2-2　膨胀法测定 A_{c1} 和 A_{c3} 温度（a）和 M_s、M_f 温度（b）

2.2.3　基于 CCE 模型的热处理参数计算及选定

根据 2003 年 Speer 教授提出的 CCE 模型，可对相关简单成分的最佳淬火温度进行预测。该模型中提出了以下几个假设条件：（1）碳化物析出完全被抑制；（2）配分过程中 α/γ 界面稳定；（3）碳原子移动在两相中化学势相等，铁原子不做要求。在该条件下通过 K-M 公式、化学势平衡以及物质守恒等公式以及完全碳配分、无碳化物析出等初始条件即可计算出最佳淬火温度的范围。

计算公式如下所示：

$$X_{C_{CPE}}^{\gamma} = X_{C_{CPE}}^{\alpha} \times e^{\frac{76789 - 43.8T - (169105 - 120.4T)X_{C_{CPE}}^{\gamma}}{RT}} \qquad (2\text{-}1)$$

$$f_{CPE}^{\gamma}(1 - X_{C_{CPE}}^{\gamma}) = f_i^{\gamma}(1 - X_C^{alloy}) \qquad (2\text{-}2)$$

$$f_{CPE}^{\alpha} X_{C_{CPE}}^{\alpha} + f_{CPE}^{\gamma} X_{C_{CPE}}^{\gamma} = X_C^{alloy} \qquad (2\text{-}3)$$

$$f_{CPE}^{\alpha} + f_{CPE}^{\gamma} = 1 \qquad (2\text{-}4)$$

$$f_i^{\gamma} = 1 - e^{-1.1 \times 10^{-2}(M_s - T)} \qquad (2\text{-}5)$$

式中　T——淬火温度；

　　　R——气体常数；

　　X_C^{alloy}——合金碳含量；

　　　M_s——马氏体开始转变温度；

　　$X_{C_{CPE}}^{\gamma}$——奥氏体中碳浓度；

　　$X_{C_{CPE}}^{\alpha}$——马氏体中碳浓度；

　　f_{CPE}^{γ}——奥氏体百分含量；

　　f_{CPE}^{α}——马氏体百分含量；

　　f_i^{γ}——配分前奥氏体百分含量。

结合式（2-1）～式（2-5）并考虑完全碳配分，利用设计的实验钢成分进行计算可以得出残余奥氏体含量随淬火温度的变化趋势，如图 2-3 所示。

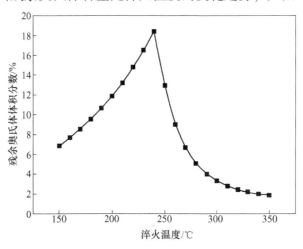

图 2-3　基于 CCE 模型的残余奥氏体预测值

图 2-3 所示为淬火温度从 150~350℃时的残余奥氏体理论值。从图中可以看出，残余奥氏体含量随着淬火温度的上升，呈现先上升后下降的趋势，并且在 240℃左右达到最大值，约为 19.2%，这种变化趋势和目前研究的实验结果相吻合。即淬火温度主要影响初始马氏体和未转变奥氏体的比例，以及配分的动力学过程。那么在完全碳配分的条件下，由于只考虑初始组织的比例影响，因此出现了一个波峰这样的分布情况。究其原理在于，当淬火温度较低时，未转变奥氏体的比例很低，大量的碳迁移至未转变奥氏体中，导致其碳浓度超过了需要稳定奥氏体至室温的碳浓度，因此此时所有的未转变奥氏体均保留至室温。随着淬火温度的升高，未转变奥氏体体积分数不断增大，因此出现了室温最大含量的残余奥氏体，此时所有的碳原子迁移至未转变奥氏体中，刚好使得其 M_s 温度为室温，所有的碳用于稳定奥氏体，均没有浪费。随着淬火温度的继续升高，未转变奥氏体的体积分数偏大，导致所有的碳迁移至未转变奥氏体后，其碳浓度仍然偏低，使得其 M_s 点大于室温，因此在二次淬火过程中会部分发生马氏体转变，得到一次淬火马氏体、二次淬火马氏体和残余奥氏体的混合组织。该部分的残余奥氏体由再次使用 K-M 公式计算得出。应该指出，该变化趋势和实际过程较吻合，但实际实验结果表明波动的幅度并没有理论计算值大，这是因为实际过程中包含了竞争机制和配分动力学等过程。

实验钢在 150kg 的真空感应炉中冶炼，之后锻造成 40mm（厚）×60mm（宽）×100mm（长）规格的钢板坯，钢坯经轧制、机械加工成 φ8mm×15mm的圆柱热模拟试样。DQ&P 工艺是直接淬火—碳配分处理工艺，变形后直接淬火，利用轧后余热实现碳的配分过程。具体热处理工艺如图 2-4 所示。根据前文测定的 A_{c3} 的温度为 858℃，设定完全奥氏体化的温度为 950℃。图 2-4a、d 的工艺过程为：将试样在 MMS-300 热力模拟试验机上以 10℃/s 的加热速度加热到 950℃，并在此温度下保温 600s，在此温度下进行 40%的变形，然后以 40℃/s 的冷却速度淬火至 280℃，之后分别升温至 325℃、375℃、425℃进行配分处理，配分时间分别为 15s、45s、150s、500s、1500s，最后淬火至室温。图 2-4b 将变形温度设定为 880℃和 820℃，在 950℃以 5℃/s 的冷却速度冷却至变形温度，淬火温度和配分温度以及配分时间都与图 2-4a 相同。图 2-4c 变形温度为 880℃，淬火温度与配分温度相同，为 325℃，配分时间与上述工艺相同。上述工艺的变形量均为 40%。图 2-4e 变形温度为 880℃，淬火温度和配分温度分别为 280℃、325℃，配分时间与上述工艺相同，不同的是变形量为 20%。图 2-4f 为图 2-4b、e 的对比工艺图，在 880℃未进行变形处理，其他参数与图 2-4b 相同。上述热处理工艺探究了变形温度、淬火温度、配分温度、配分时间、变形程度等工艺参数对组织性能的影响，从而确定最佳工艺参数。

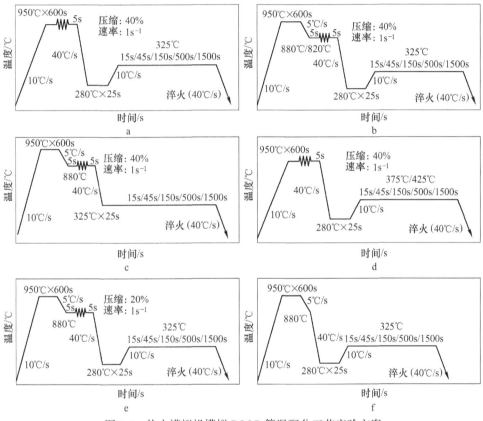

图 2-4　热力模拟机模拟 DQ&P 等温配分工艺实验方案

2.2.4　微观组织分析及表征方法

从不同热处理工艺处理后的实验钢上截取金相试样，然后经机械研磨并采用金刚石研磨膏机械抛光后，用 4%硝酸酒精溶液腐蚀 8s，试样腐蚀后用酒精清洗、吹干，再用 Leica DMIRM 金相显微镜及 FEI Quanta 600 扫描电镜进行组织观察，在日本岛津电子探针（EPMA-1610）进行微区组织成分扫描。

电子背散射衍射（EBSD）分析在 SEM 上配置的 EBSD 装置上进行，试样经电解液（乙醇：水：高氯酸 = 13：2：1）电解抛光处理获得。透射电镜（TEM）试样经机械和双喷减薄后，利用 TECNAIG²20 透射电镜对试样的微观结构进行进一步研究。残余奥氏体含量测定在 X 射线衍射仪（XRD）上进行，采用 Cu 靶，扫描角度为 40°～120°。在计算残余奥氏体体积分数时，选择（200）、（220）、（311）奥氏体峰和（200）、（211）的铁素体峰，残余奥氏体体积分数 V_γ 利用式（2-6）计算获得[43]：

$$V_\gamma = \frac{1.4I_\gamma}{I_\alpha + 1.4I_\gamma} \tag{2-6}$$

式中　I_α，I_γ——分别为铁素体特征峰和奥氏体特征峰的积分强度。

奥氏体碳含量采用式（2-7）计算[44]：

$$c_\gamma = (a_\gamma - 3.547)/0.046 \tag{2-7}$$

式中　c_γ——奥氏体中碳含量，质量分数，%；

a_γ——奥氏体的晶格常数，用式（2-8）计算：

$$a_\gamma = \frac{\lambda\sqrt{h^2 + k^2 + l^2}}{2\sin\theta} \tag{2-8}$$

式中　λ，h，k，l，θ——分别为衍射线的波长、奥氏体晶面指数和布拉格角度。

硬度反映了材料抵抗弹性变形、塑性变形或破坏的能力。因此硬度是材料弹性、塑性、强度和韧性等力学性能的综合指标。维氏硬度值测量采用的硬度计型号是 KB Prüftechnik。试样的制备过程与金相样相同，选取加载载荷为 20kg，作用力时间为 10s，在实验过程中选择相距一定距离的 10 个点测量硬度，计算得出的平均值作为最后的试样的硬度值。

2.3　压缩变形及配分参数对组织性能的影响研究

2.3.1　变形温度的影响

实验中将实验钢在 820℃、880℃、950℃ 温度进行变形，之后淬火至 280℃，升温至 325℃ 保温 150s 进行配分处理，不同变形温度钢的组织形貌如图 2-5 和图 2-6 所示。

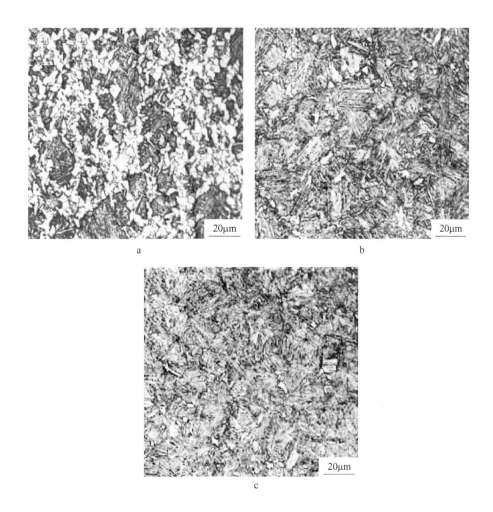

图 2-5 实验钢不同变形温度的金相组织形貌

a—820℃；b—880℃；c—950℃

从图中可知，实验钢中的马氏体具有典型的板条特征，由于 Si 元素有利于铁素体形成，因此即使是在950℃变形时组织中也含有少量铁素体。而变形温度为820℃时，属于两相区变形，有较多铁素体生成，因此实验钢的室温组织主要是铁素体、马氏体。马氏体的板条束形貌清晰可见，尤其是变形温度为950℃时，组织几乎全是板条马氏体，在原奥氏体晶粒内形成几个位向不同的板条群，板条群由平行排列的板条组成。从图中可看出，随着变形温度的降低，铁素体含量增加，板条马氏体的板条束变短，且板条平行排列趋势变得不再明显。在820℃变形时，由上面提到的相变临界点温

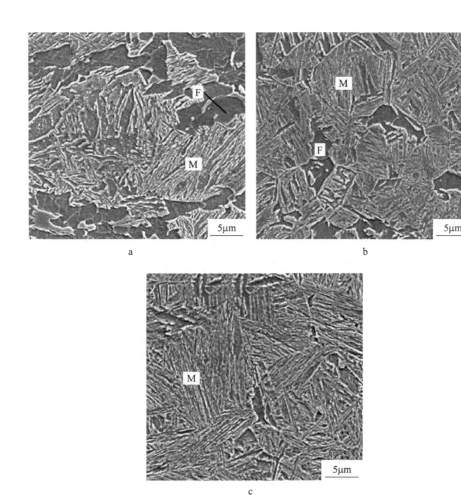

图 2-6 实验钢不同变形温度的 SEM 组织形貌

a—820℃；b—880℃；c—950℃

度可知，该变形温度位于两相区，因此，在变形时，发生铁素体相变，由杠杆定律可知，随着变形温度的增加，铁素体的生成量减少，当变形温度升高到950℃时，此温度已位于单相奥氏体区，几乎没有铁素体的生成。经测定和计算，变形温度为820℃和880℃铁素体的百分含量分别为35.8%和4.0%。

利用 XRD 测定不同变形条件下试样的残余奥氏体含量，X 射线衍射图谱如图 2-7 所示，从图中可看出，各试样存在不同程度的 $(111)_\gamma$、$(200)_\gamma$、$(220)_\gamma$ 和 $(311)_\gamma$ 奥氏体衍射峰，表明钢中存在一定比例的残余奥氏体组织。

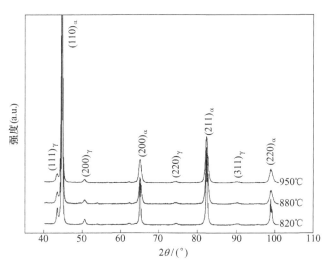

图 2-7 不同变形温度条件下试样的 XRD 谱

不同变形温度条件下试样的残余奥氏体含量和残余奥氏体中的碳含量如图 2-8 所示。从图中可看出，随着变形温度的降低，残余奥氏体含量和残余奥氏体中碳含量均是先升高后降低，残余奥氏体含量和残余奥氏体中的碳含量均在 880℃ 变形时达到最大，分别为 11% 和 1.26%。820℃ 变形时，铁素体含量较多，由于碳在奥氏体中的溶解度远远大于其在铁素体中的溶解度，因此扩散到未转变奥氏体中的碳大部分来自铁素体，但是未转变奥氏体中碳含量较低，在配分过后的淬火过程中，奥氏体转变为马氏体，使残余奥氏体含量较低。950℃ 变形时，碳原子从马氏体扩散到奥氏体中，同样由于奥氏体中碳含量较低，使残余奥氏体含量较低。在 880℃ 变形时，碳原子从铁素体和板条马氏体两相中扩散到残余奥氏体中，碳的扩散较为充分，使奥氏体中碳含量较高，淬火至室温下残余奥氏体体积最大。

不同变形温度条件下测定的硬度值如图 2-9 所示。从图中可看出，随着变形温度的升高，试样的维氏硬度值增加。研究表明，试样的硬度值与抗拉强度具有线性正相关关系，即随着变形温度的增加，试样的抗拉强度增加，这是由于铁素体比马氏体软，变形温度低时，铁素体含量较多，因此其抗拉强度低，820℃ 变形生成的铁素体含量远大于 880℃ 和 950℃，其硬度差距也比较大。

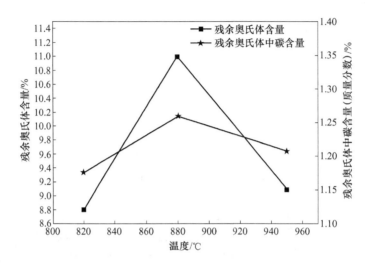

图 2-8　不同变形温度条件下实验钢的残余奥氏体含量和残余奥氏体中的碳含量

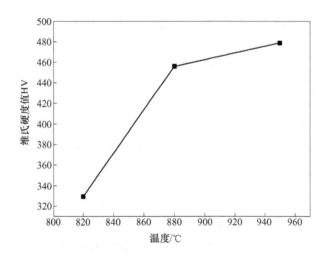

图 2-9　实验钢不同变形温度的硬度值

2.3.2　淬火温度的影响

实验中将钢板在 880℃进行变形，之后分别淬火至 280℃、325℃，升温或保温至 325℃保温 150s 进行配分处理，不同淬火温度钢的金相组织形貌如图 2-10 所示，SEM 形貌如图 2-11 所示。从图中得知，组织主要是板条马氏体和少量铁素体，残余奥氏体在扫描电镜下不能被清楚辨别。随着淬火温度的升高，马氏体板条相界面变的不明锐。从图 2-11b 中可以看出，在较高的淬火温度条件下有渗碳体的析出，这主要是由于在第二次淬火后，碳含量较低的未转变奥氏体发生了分解，析出了部分碳化物颗粒。

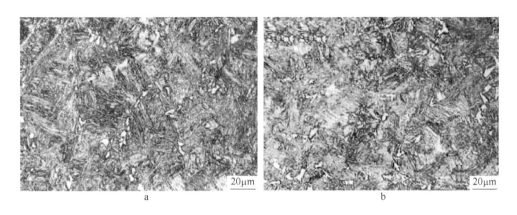

图 2-10　实验钢不同淬火温度的金相组织形貌

a—280℃；b—325℃

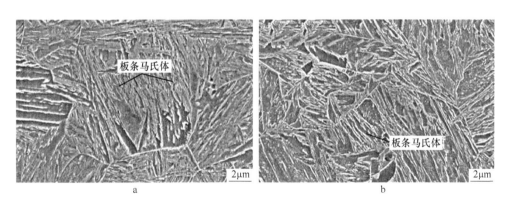

图 2-11　实验钢不同淬火温度的 SEM 组织形貌

a—280℃；b—325℃

利用 XRD 测定不同变形条件下试样的残余奥氏体含量，经计算得出在280℃和325℃条件下残余奥氏体含量分别为 11.00% 和 10.41%，残余奥氏体中的碳含量分别为 1.26% 和 1.31%。淬火温度低时，生成的一次马氏体含量多，剩余的奥氏体含量少，碳从马氏体向奥氏体中扩散较为充分；而淬火温度高时，生成的一次马氏体含量少，剩余的奥氏体含量多，从马氏体向奥氏体扩散的碳较少，在最后淬火过程中，碳含量较低不足以在室温下保存下来的奥氏体发生分解，生成马氏体或是析出碳化物，从而使 280℃ 和 325℃ 条件下残余奥氏体含量和残余奥氏体中的碳含量相差不大。

淬火温度为 280℃ 和 325℃ 时测定的维氏硬度分别为 456.1HV 和 437.6HV，随着淬火温度的升高，维氏硬度值降低，这是由于升高淬火温度，板条马氏体含量减少，造成试样强度和硬度降低，但是较高的淬火温度下有碳化物的析出，使其硬度相差不大。

不同淬火温度条件下试样的 XRD 谱如图 2-12 所示。

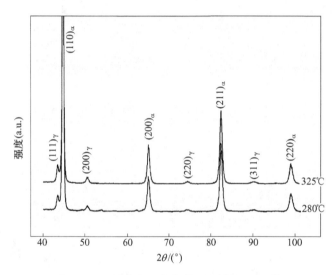

图 2-12 不同淬火温度条件下试样的 XRD 谱

2.3.3 配分温度的影响

实验中将钢板在 950℃ 进行变形，变形完成后淬火至 280℃，保温一段时间，之后分别升温至 325℃、375℃、425℃，保温 150s 进行配分处理，不同配分温度钢的金相组织形貌如图 2-13 所示，SEM 形貌如图 2-14 所示。

可看出，显微组织主要是板条状马氏体和少量的铁素体，在铁素体相界面有白色的浮凸相，可能是由于铁素体形成向外排碳生成的残余奥氏体，随着配分温度的升高，马氏体板条的平行排列趋势变得不再明显，同时马氏体开始发生回火反应，组织中开始形成白色的点状浮凸相，该组织是碳化物颗粒，在配分温度为 425℃ 时，由于配分温度较高，一次马氏体组织发生回火，

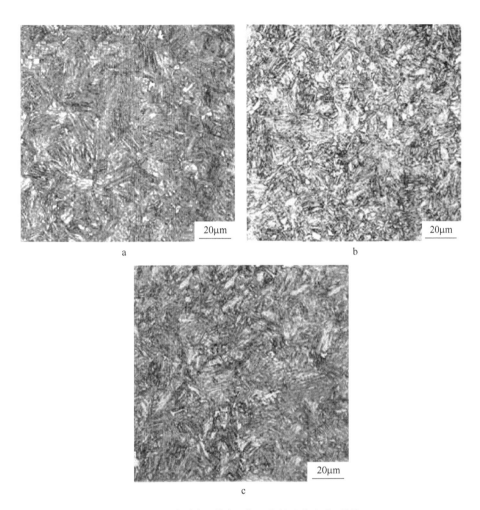

图 2-13　实验钢不同配分温度的金相组织形貌

a—325℃；b—375℃；c—425℃

析出碳化物，碳化物呈圆颗粒状分布于马氏体组织间，如图 2-15 所示。

　　利用电子探针对配分温度为 375℃的试样进行 C、Si 元素分布的分析。C、Si 元素分布特征如图 2-16 所示。

　　从碳原子的分布图中可得知，C 元素分布不均匀，说明在配分阶段碳原子进行了扩散。在铁素体周边碳含量较高，这是由于铁素体形成时会排碳，从而使其边界成为富碳区。晶界和板条边界是高能区，有利于碳原子的扩散，在马氏体板条间和晶界处碳原子浓度较大。合金元素 Si 在马氏体内部的含量几乎没有差别，但是在铁素体晶界处，即 C 浓度较高的区域，Si 含量较低，

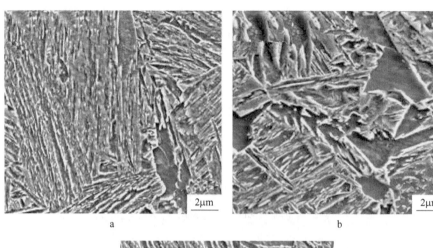

a   b

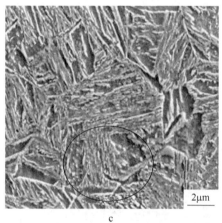

c

图 2-14 实验钢不同配分温度的 SEM 组织形貌

a—325℃；b—375℃；c—425℃

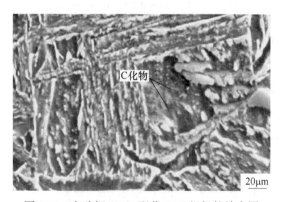

图 2-15 实验钢 425℃配分 SEM 组织的放大图

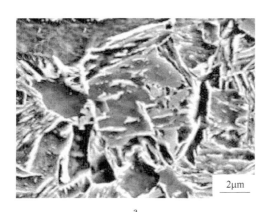

a

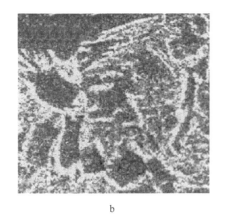

b

c

图 2-16 试样元素分布图

a—二次电子形貌；b—C 元素分布图；c—Si 元素分布图

Si 是非碳化物形成元素，易溶于铁素体区，因此，在配分阶段，在铁素体晶界的 Si 原子扩散至铁素体内部，从而导致晶界处 Si 元素含量较低，晶粒内部含量较大。熊自柳[45]也指出，Si 元素含量较多的区域大多是 TRIP 钢中铁素体区域，说明 Si 元素主要分布在铁素体组织中。

不同配分温度条件下试样的 X 射线衍射图谱如图 2-17 所示。图中有明显的铁素体峰和奥氏体峰，证明组织中含有一定量的奥氏体组织。配分温度 325℃、375℃、425℃时的残余奥氏体含量分别为 9.08%、8.61%、8.36%，残余奥氏体中的碳含量分别为 1.21%、1.29%、1.29%，如图 2-18 所示。随着配分温度的升高，残余奥氏体含量降低，同时，残余奥氏体中的碳含量变化不明显。当配分温度升高时，碳原子扩散速度加快，马氏体发生回火反应，同时伴随有碳化物的析出，这会消耗由马氏体扩散到残余奥氏体中的碳，使残余奥氏体在室温下不能稳定存在而发生分解，导致室温下残余奥氏体含量的降低。

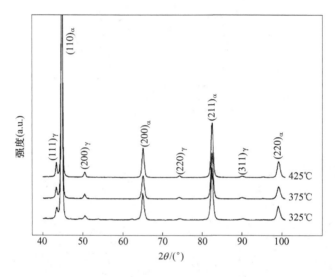

图 2-17　不同配分温度条件下试样的 XRD 谱

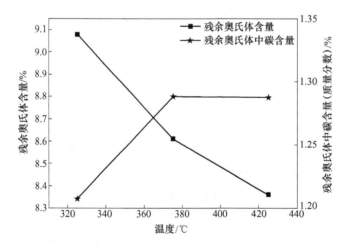

图 2-18　不同配分温度条件下试样的残余奥氏体含量
和残余奥氏体中的碳含量

不同配分温度条件下实验钢宏观硬度值如图 2-19 所示。从图中可看出，随着配分温度的升高，宏观硬度值逐渐减小，这是由于随着配分温度的升高，原子扩散能力增强，马氏体中碳原子析出，马氏体发生软化，同时马氏体也发生分解反应，造成宏观硬度值降低。

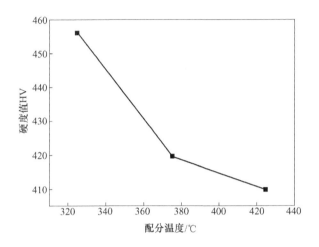

图 2-19 实验钢不同配分温度的硬度值

2.3.4 配分时间的影响

变形温度 850℃，淬火温度为 280℃，配分温度为 325℃，变形 40%，配分时间分别为 15s、45s、150s、500s、1500s 试样的金相组织图如图 2-20 所示。对应的扫描组织形貌如图 2-21 所示。

从图中可看出，试样的室温组织主要是板条马氏体和少量的铁素体，随着配分时间的增加，平行排列的条理性越来越差，同时板条马氏体形貌逐渐模糊。随着配分时间的增加，马氏体发生回火，分解产生碳化物颗粒，同时，

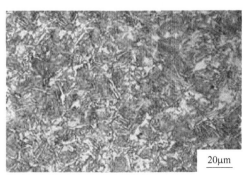

a

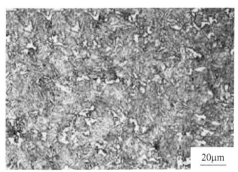

b

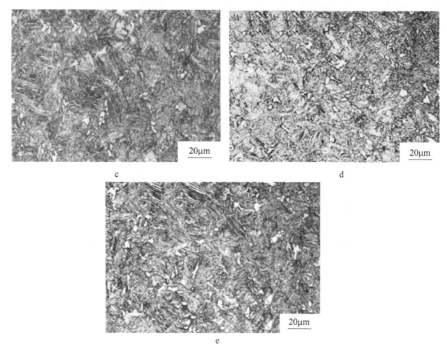

图 2-20　实验钢不同配分时间的金相组织

a—15s；b—45s；c—150s；d—500s；e—1500s

碳含量较低的未转变奥氏体在最后的淬火过程中也会转变析出碳化物。随着配分时间的增加，碳化物的形态如图 2-22 所示，配分时间为 150s 时，碳化物主要是细小点状或是细长形态，当配分时间增加到 500s 时，碳化物变为较大的细长棒状形态，1500s 时，碳化物呈现为较大的颗粒状。主要是由于随着配分时间的增加，细小的碳化物长大，变为较大的细长状态，时间进一步增加，细长状态的碳化物相互结合、吞并，形成较大的碳化物颗粒。

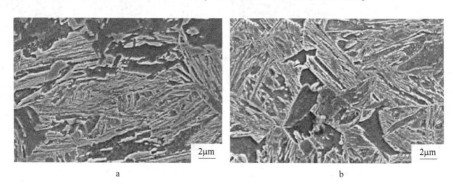

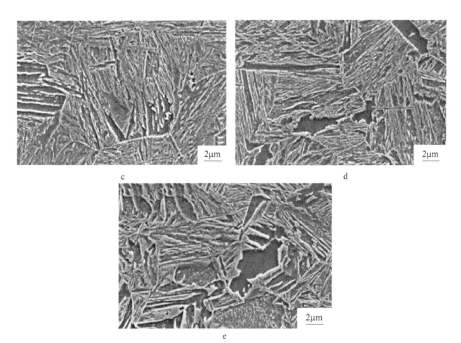

图 2-21　实验钢不同配分时间的 SEM 组织形貌

a—15s；b—45s；c—150s；d—500s；e—1500s

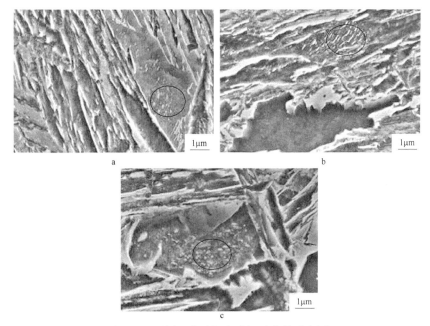

图 2-22　不同配分时间实验钢碳化物形态图

a—150s；b—500s；c—1500s

　　不同配分时间条件下试样的 XRD 衍射图谱如图 2-23 所示。图中含有明显的奥氏体衍射峰，说明试样中具有一定含量的奥氏体组织。经计算，在 880℃变形条件下直接淬火实验钢的残余奥氏体含量为 5.14%，残余奥氏体中的碳含量为 1.013%。图 2-24 所示为不同配分时间条件下试样的残余奥氏体含量和残余奥氏体中的碳含量。从图中可看出，直接淬火实验钢的残余奥氏体含量和残余奥氏体中的碳含量均是最低的，由此说明，配分过程有利于碳原子向未转变奥氏体中扩散，从而提高了残余奥氏体的体积；同时，随着配分时间的增加，残余奥氏体含量先增加后减少，配分时间由 15s 增加到 150s 时，残余奥氏体含量呈现缓慢增加的趋势。主要是由于较长时间的配分，更有利于马氏体和部分铁素体边界处富集的碳原子扩散到奥氏体中，增加残余奥氏体含量，但是配分时间为 15s 时，大部分碳原子已经完成了扩散，增加配分时间，只是增加了少部分奥氏体中的碳含量；而配分时间增加为 150s 时，残余奥氏体含量下降，是由于随着配分时间的增加，碳化物析出消耗了碳，使扩散到奥氏体中的碳减少，致使残余奥氏体稳定性下降，在最终淬火过程中转变为马氏体，从而造成残余奥氏体含量的下降。从图 2-24 中可看出，残余奥氏体中的碳含量（质量分数）高于 1.0%，较低碳含量的残余奥氏体在最终淬火时转变为马氏体。

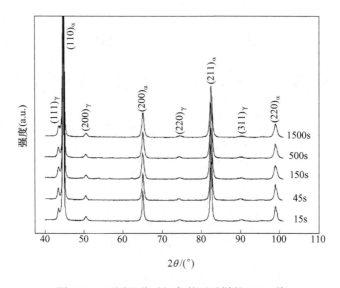

图 2-23　不同配分时间条件下试样的 XRD 谱

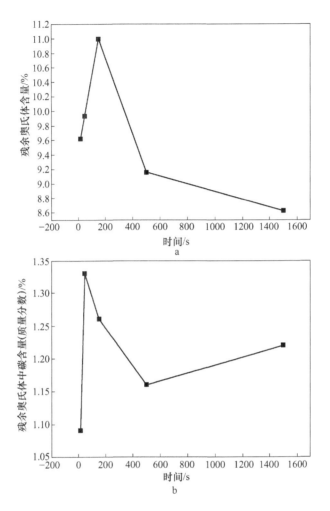

图 2-24 不同配分时间条件下试样的残余奥氏体含量和残余奥氏体中的碳含量

实验钢不同配分时间试样的测定的硬度值如图 2-25 所示。880℃变形直接淬火未进行配分试样的宏观硬度值为 530.85；配分 15s 后急剧下降，数值为 410.3HV。说明在 15s 内变形产生的位错等缺陷发生回复，减弱了位错强化的作用；同时，马氏体发生脱碳，造成马氏体软化，引起宏观硬度的降低。而随着配分时间的增加，由于碳化物的析出沉淀强化开始产生作用，硬度值呈现增加的趋势，从配分时间 15s 升到 45s 时，硬度值增加的较快，是由于在 45s 时已经有较多碳化物的析出，碳化物颗粒对硬度的增加起到重要作用。变形时产生的位错也能增加位错，但是随着配分时间的增加，马氏体发生回复现象，位错消失，造成硬度值的下降，同时，随着时间的增加，碳化物的析出也不再增多，且发生长大的趋势。因此配分时间超过 45s 后，硬度值增加的速度减缓，甚至产生较小幅度的下降趋势。

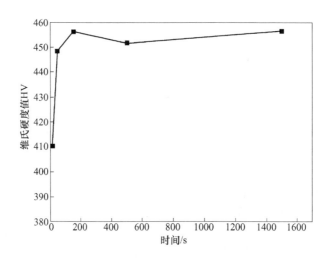

图 2-25 实验钢不同配分时间的硬度值

2.3.5 变形程度的影响

变形温度 880℃，淬火温度为 280℃，配分温度为 325℃，配分时间为 150s，变形程度分别为 0%、20%、40%实验钢的金相组织形貌与扫描形貌如图 2-26 与图 2-27 所示。从组织中可看出，其显微组织主要是板条马氏体和少量的铁素体。随着变形程度的增加，马氏体板条尺寸变细小，这是由于变形

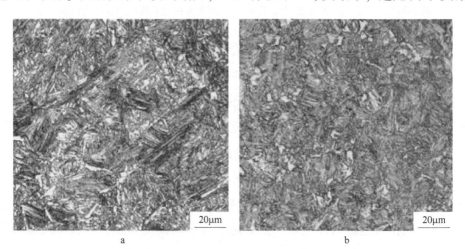

a   b

c

图 2-26 实验钢不同变形程度的金相组织形貌

a—0%；b—20%；c—40%

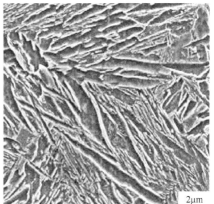

a

b

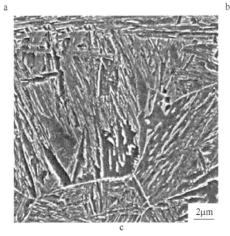

c

图 2-27 实验钢不同变形程度的 SEM 组织形貌

a—0%；b—20%；c—40%

过程中会产生如位错、变形带、亚晶等缺陷，在随后的冷却过程中这些缺陷处于高能状态，有利于优先形核，从而增加形核点，细化晶粒。不同变形程度试样的组织图如图 2-28 所示。从图中可看出，变形后试样的原奥氏体晶粒尺寸变小，变形过程中产生的位错等缺陷增加了形核点，细化了晶粒尺寸。

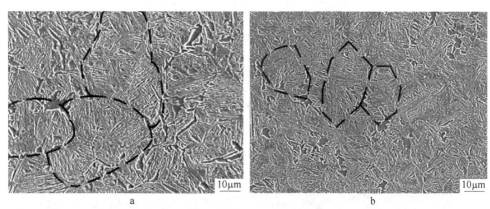

图 2-28　不同变形程度试样的晶粒大小

a—20%变形；b—40%变形

　　不同变形程度实验钢的 X 射线衍射谱如图 2-29 所示。图中有明显的奥氏体衍射峰，说明组织中存在一定含量的奥氏体组织。不同变形程度实验钢残余奥氏体含量和残余奥氏体中的碳含量图如图 2-30 所示。虽然趋势是随着变形程度的增加，残余奥氏体含量先增加后又减少，但是，三种变形程度下实

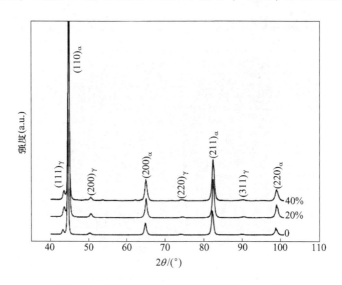

图 2-29　不同变形程度条件下试样的 XRD 谱

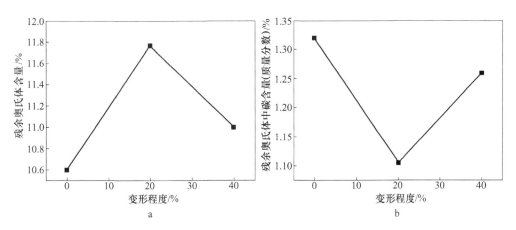

图 2-30 不同变形程度条件下试样的残余奥氏体含量（a）和残余奥氏体中的碳含量（b）

验钢的残余奥氏体含量相差不大。20%变形和40%变形比无变形试样的残余奥氏体含量稍微大点，20%变形程度下虽然残余奥氏体含量最大，但其残余奥氏体中的碳含量较低。

不同变形程度实验钢的硬度值如图 2-31 所示。从图中可知，随着变形量的增加，宏观硬度值增加，主要是由于随着变形量的增加，位错密度增加，位错纠结缠绕，阻碍了其他位错的运动，起到了强化的作用，从而增加了其宏观硬度。

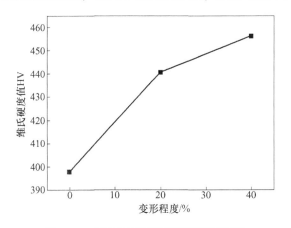

图 2-31 实验钢不同变形程度的硬度值

2.4 本章小结

本章在传统 Q&P 工艺的基础上提出了 DQ&P 工艺的概念，即直接淬火—碳配分工艺，利用轧后余热实现碳的配分，能够有效减少能源消耗、节省成本。本章是在热力模拟试验机上在等温配分的条件下，研究各工艺参数，如变形温度、淬火温度、配分温度、配分时间、变形程度等对 DQ&P 钢组织和宏观硬度值的影响，所得主要结论如下：

（1）采用低碳 Si-Mn 钢，在不添加其他合金元素的条件下，利用相变仪测定出 A_{c1} 和 A_{c3} 的温度值分别为 690℃ 和 858℃，M_s 和 M_f 的温度值分别为 407℃ 和 203℃。

（2）实验中将实验钢在 950℃、880℃、820℃ 温度进行变形，随着变形温度的降低，铁素体含量增加，板条马氏体的板条束变短，且板条平行排列趋势变得不再明显；同时，随着变形温度的降低，残余奥氏体含量和残余奥氏体中碳含量均是先升高后降低，残余奥氏体含量和残余奥氏体中的碳含量均在 880℃ 变形时达到最大，而宏观硬度随着变形温度的降低，呈现降低的趋势。

（3）实验中将钢板在 880℃ 进行变形，淬火温度分别为 280℃ 和 325℃，实验中所得组织主要是板条马氏体和少量铁素体，随着淬火温度的升高，马氏体板条相界面变的不明锐，且有块状马氏体和碳化物颗粒生成，两种淬火温度条件下残余奥氏体含量和宏观硬度值相差不大。

（4）配分温度分别为 325℃、375℃、425℃ 的实验钢的显微组织主要是板条马氏体和残余奥氏体及少量的铁素体，随着配分温度的升高，组织中开始析出碳化物颗粒。C 元素在铁素体边界和马氏体板条间含量较高，而 Si 元素在铁素体边界分布较少。随着配分温度的升高，残余奥氏体含量降低，残余奥氏体中的碳含量变化不明显，同时宏观硬度值逐渐减小。

（5）实验中设定配分时间分别为 15s、45s、150s、500s、1500s。随着配分时间的增加，平行排列的条理性越来越差，同时板条马氏体形貌逐渐模糊，并有碳化物颗粒的生成，且碳化物颗粒随着配分时间的增加，呈现点状向细长状再到小块状形态发展。随着配分时间的增加，残余奥氏体含量和残余奥氏体中碳含量均是先增加后减少，残余奥氏体含量在 150s 时达到最大，残余奥氏体中碳含量在 15s 时达到最大，但是与 150s 时的数值相差不大。宏观硬度值在 150s 时取得最大值。

（6）本章中变形程度分别为 0%、20% 和 40%。随着变形程度的增加，马氏体板条变细小，随着变形程度的增加，残余奥氏体含量先增加后又减少，虽然 20% 变形程度下残余奥氏体含量最大，但是残余奥氏体中碳含量较低。随着变形程度的增加，宏观硬度值增加。

3 动态配分 DQ&P 工艺热模拟实验

3.1 引言

Q&P 钢中残余奥氏体的获得要点在于热处理过程中的配分过程，碳从过饱和马氏体迁移至未转变奥氏体内，从而提高奥氏体的化学稳定性，在后续淬火过程中能避免相变，稳定保留至室温。然而，传统研究中多采用等温保温的方式来完成配分过程，但在热连轧线上难以实现等温保温的过程。一般而言，热轧钢卷卷取后将会缓慢冷却至室温，该过程类似于无数个不同温度的等温保温，实验研究也证明在连续缓慢冷却过程中碳会自发地配分到奥氏体中，该配分方式被称为动态配分。动态配分具有工艺简化的优势，但是又极具复杂性和难控制的特点，因为淬火温度、卷取温度及配分初始动力均取决于一个温度点，并且在连续冷却中，相变和配分是一个耦合过程。因此，研究动态配分过程具有重要的意义。本章旨在研究连续缓慢冷却（动态配分）过程中碳配分效应以及淬火温度和组织性能之间的关系。

3.2 实验材料与方法

实验用钢采用低碳硅锰钢，其具体成分和关键转变温度见表 3-1。

表 3-1 实验钢化学成分和关键转变温度

$w(C)/\%$	$w(Si)/\%$	$w(Mn)/\%$	$A_{c3}/℃$	$A_{c1}/℃$	$M_s/℃$	$M_f/℃$
0.19	1.6	1.6	861	692	398	205

热模拟实验在东北大学 MMS200 热模拟试验机上进行，试样从 12mm 的热轧板上沿轧制方向切取，尺寸为 $\phi8mm×15mm$。实验工艺如图 3-1 所示。首先，试样以 20℃/s 加热至 1200℃并保温 180s 进行充分的奥氏体化，在 1080℃和 900℃经过两道次压下量为 40%的压缩变形。随后，部分试样直接

淬火至设定的目标淬火温度，另一部分试样经过 20s 缓冷弛豫过程后再淬火至目标淬火温度，目标淬火温度根据马氏体转变温度区间选定为 200℃、240℃、280℃ 和 320℃，所有试样均以 0.04℃/s 的冷速缓慢冷却至室温，模拟卷取冷却过程。为了方便，分别给试样编号为 QP200、QP240、QP280、QP320、RQP200、RQP240、RQP280 和 QP320（RQP 表示经过缓慢空冷处理后的试样）。

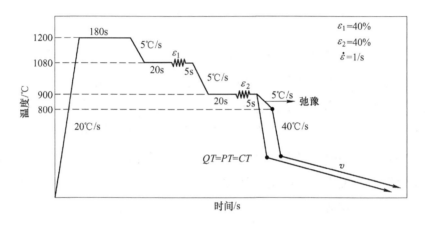

图 3-1 热模拟工艺示意图

为了研究卷取过程中的相变过程，制备了部分相变仪试样，尺寸为 $\phi 3mm \times 8mm$。相变试样被加热至 1000℃ 并保温 3min，随后分别淬火至 240℃ 和 360℃，以 0.04℃/s 冷却至室温。

3.3 实验结果分析

3.3.1 卷取温度的影响

经 DQ&P 处理后的典型组织如图 3-2 所示，主要由马氏体（M）、贝氏体（B）和少量先共析铁素体（F）组成。明显地，没有经过空冷处理的试样仍然含有少量的铁素体，主要是因为压缩变形增加了铁素体的形核点，促进了铁素体相变；此外，少量贝氏体被观察到。贝氏体的形成主要因为在缓慢卷取冷却过程中随着碳配分的进行，M_s 点逐渐降低，长时间的冷却过程为贝氏体形成提供了条件。

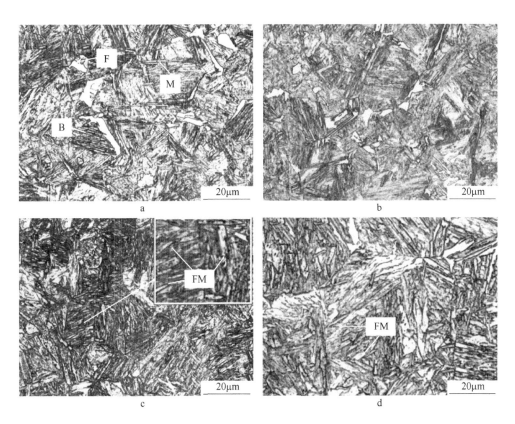

图 3-2　金相组织观察

a—QP200；b—QP240；c—QP280；d—QP320

　　当淬火温度升高至 280℃ 时，能明显观察到白色板条结构的相增多。研究表明，该结构为新生马氏体（FM）或二次淬火马氏体，当淬火温度进一步升高至 320℃ 时，新生马氏体出现增多的趋势。研究表明，新生马氏体具有较高的碳含量，能提高材料的强度[46, 47]。

　　图 3-3 所示为部分试样的扫描形貌。对比 QP280 和 RQP280 可以发现，RQP280 含有更多的铁素体，表明引入弛豫过程有利于获得更多的铁素体。但观察二者铁素体含量，其差异并不大，主要是因为 5℃/s 的冷速过快，并且 20s 的连续冷却时间过短。可以肯定，尽管在这 20s 弛豫过程中铁素体含量增加并不明显，但是位错缺陷等必然发生了回复，将会降低材料的硬度。此外，图 3-3c 和 d 显示了 200℃ 和 320℃ 淬火配分处理后的形貌差异，当淬火温度较高时（320℃），组织呈现明显的回火状态，马氏体分解为 α 相和碳化

物，碳化物分布于马氏体基体上。图 3-3d 还显示白色块状结构分布于 M/F 界面，该结构可能为残余奥氏体、马奥岛或者孪晶马氏体，主要取决于碳含量。该结构位于界面处，其大量的碳来自于铁素体相变，铁素体相变排碳使得邻近奥氏体富碳，随着时间的推移，碳逐渐从界面向远离界面处扩散，形成碳浓度梯度，因此仅有靠近界面的部分能保持较高的碳含量，当碳含量足够高时将形成残余奥氏体。

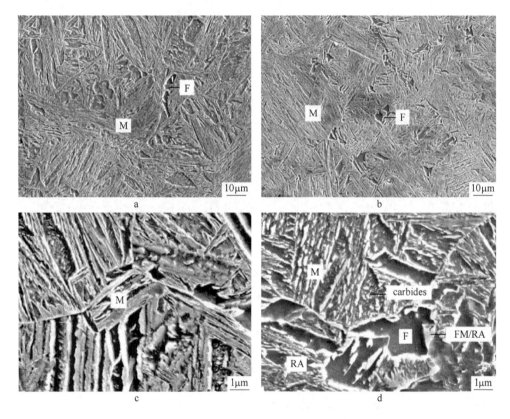

图 3-3　扫描形貌观察

a—QP280；b—RQP280；c—RQP200；d—RQP320

选择试样 RQP240 进行透射观察，典型的精细结构如图 3-4 所示。从图 3-4a 可以清晰地看到，薄膜状的残余奥氏体分布于马氏体板条间，并且残余奥氏体和马氏体板条间的界面是弯曲的，表明配分过程中的界面进行了迁移。由于长时间的缓慢冷却过程，组织呈现出回火状态，回火马氏体形貌如图 3-4d 所示，可以看到马氏体板条宽度更宽。此外，新生马氏体和孪晶马氏体

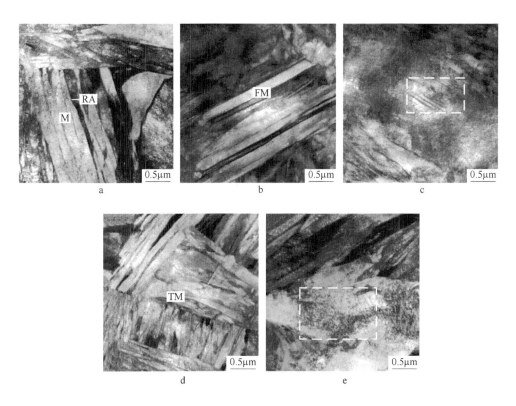

图 3-4　透射观察（RQP240）

a—板条马氏体和残余奥氏体；b—新生马氏体；c—孪晶马氏体；

d—回火马氏体；e—铁素体内位错观察

都被观察到，如图 3-4b 和 c 所示。新生马氏体在卷取过程中形成，其板条界面平直，表明部分未转变奥氏体在缓慢冷却过程中不能获得足够的碳，从而发生了马氏体相变。类似地，孪晶马氏体可在淬火或者卷取过程中形成，孪晶马氏体含有比板条马氏体更高的碳含量，但其碳含量低于残余奥氏体中数值。研究表明，新生马氏体或孪晶马氏体能显著提升强度并且不会损伤塑性，因为其含有高的碳含量并且形态尺寸为亚微米级别。从图 3-4e 中可以观察到铁素体内部有大量的可动位错，这些位错为马氏体相变产生的几何必须位错，能在变形初始较早开动，保证了材料低屈强比的特点[48]。

　　利用 TEM 对试样 RQP240 中 RA 进行了观察，结果如图 3-5 所示。组织含有两种不同形态的纳米级别的 RA：一种以薄膜状的形态分布于马氏体板条间，宽度为 50~100nm，并且和马氏体板条基体呈现 K-S 关系；第二种 RA 宽度为100~400nm，分布于铁素体内部和马氏体/铁素体界面处。应该说这两种 RA 的获得归结于不同的原因，薄膜 RA 的获得主要因为卷取缓慢冷却过程中的碳配分，而块状 RA 的获得主要因为铁素体相变的大量排碳。因此，铁素体相变和卷取缓慢冷却方式的耦合作用能极大地促进 RA 的稳定。

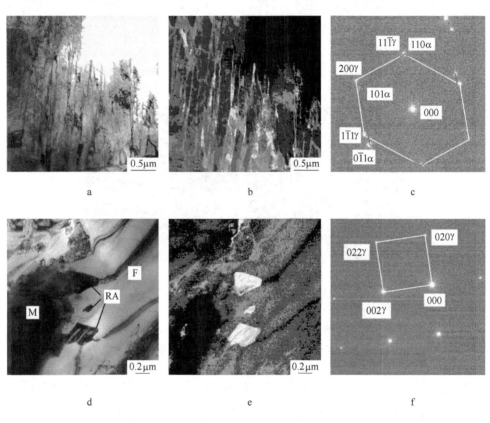

图 3-5　残余奥氏体观察（RQP240）

a—薄膜 RA 明场像；b—薄膜 RA 暗场像；c—选区衍射斑点；d—块状 RA 明场像；

e—块状 RA 暗场像；f—选区衍射斑点

RA 的体积分数以及碳含量如图 3-6 所示。从图可以看出，在 200~320℃ 的淬火温度区间，经过两种工艺处理的试样组织中 RA 的含量较为相似，均保持在7%~11%之间。此外，除了试样 QP200 外，随着淬火温度的升高，RA 含量呈现下降的趋势，主要由两个因素导致：（1）淬火温度越高，未转变奥氏体体积分数越大，有限的碳含量完成配分后，该部分奥氏体仍然具有较高的 M_s 点，因此仅能保留少量至室温；（2）淬火温度越高时，在缓慢冷

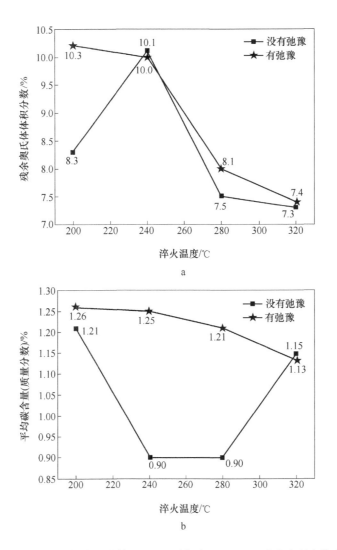

图 3-6 残余奥氏体体积分数（a）和平均碳含量（b）随淬火温度的变化

却过程中，组织的回火转变趋势越严重，部分碳化物的形成消耗了碳含量。对照 CCE 模型预测结果，其另一相似之处在于最佳淬火温度均在 240℃ 左右，说明 CCE 模型在一定程度上适用于非等温配分的方式。但是，CCE 模型中预测的最佳 RA 含量高达 19%，而该实验获得的最大 RA 仅为 10%，和大多数文献中的研究结果相似。事实上已有很多研究指出 CCE 模型中假定条件的局限性，例如观察到了界面迁移，碳化物析出影响界面移动特性以及等温相变等，诸多的因素导致了 RA 的含量和理论预测存在偏差。此外，RA 中的碳质量分数表现出明显的不同，经过弛豫的试样含有更高的碳浓度，这是因为先共析铁素体促进了碳富集。经过 M_s 点公式计算，在该成分条件下，仅当碳浓度为 1.069% 时，M_s 点为 20℃，而经过弛豫的试样中 RA 含有高于 1.069% 的碳含量，表明先共析铁素体形成的块状 RA 在高碳含量条件下才能稳定至室温。与之对比，未经弛豫的试样中 RA 的碳浓度低于 1%。该差异可能受到未转变奥氏体尺寸和一次淬火马氏体的静水压力的影响。随着淬火温度的上升，RA 中平均碳浓度下降，主要归结于以下两个方面的原因：（1）高温淬火时含有更大体积分数的未转变奥氏体，有限的碳含量使得其含有较低的碳浓度；（2）高温淬火卷取过程中，组织回火程度加重，部分碳化物形成消耗了一定的碳含量。

如图 3-7 所示为试样的维氏硬度值。从图中可以看出，经过弛豫的试样具有较低的硬度值，当淬火温度从 200℃ 上升至 320℃ 时，硬度值由 455.14 HV 下降至 427.3HV。值得注意的是 QP280 硬度值出现了上升，原因是组织中可能含有更多的碳化物或者新鲜马氏体。在 Q&P 工艺条件下，试样的硬度主要取决于一次淬火马氏体、碳化物和新鲜马氏体。在缓慢卷取的过程中，碳配分、组织回火和相变在同时发生，回火马氏体会降低硬度值，而新鲜马氏体可以提高硬度，即其最终硬度的变化取决于其综合反应。在 280℃ 淬火时新鲜马氏体占有主导作用，试样的强度值得以提升。

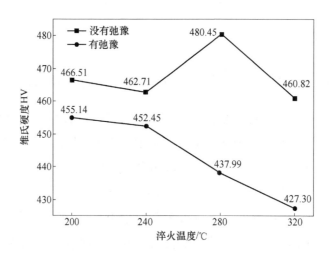

图 3-7 试样的维氏硬度

3.3.2 动态配分行为研究

为了研究缓慢卷取冷却过程中的相变，进行了相关的相变仪实验。值得注意的是，由于设备的限制，该相变仪试样无法进行热变形，因此可能和变形 Q&P 处理存在一定的差异，但是其仍然能反映出卷取过程中的相变行为。图 3-8 显示了卷取冷却过程中的温度-膨胀量曲线，可以明显看出，曲线并不平直，根据斜率的变化可以分成 3 段。如图 3-8a 所示，随着温度的下降，曲线的斜率突然在 T_1（160℃）时增加，表明发生了相变或者奥氏体分解为其他相。分析其过程为：在淬火后，其具有低于淬火温度的未转变奥氏体，具

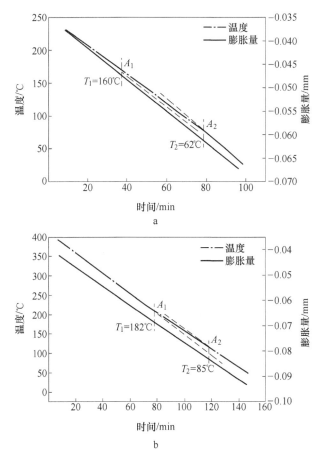

图 3-8　温度-膨胀量曲线

a—$QT=240℃$；b—$QT=360℃$

有良好的稳定性，随着卷取过程的进行，这部分奥氏体的稳定性增强，但是由于其形态尺寸的差异，这些未转变奥氏体具有不用的稳定性和 M_s 温度，因此，在冷却过程中部分能稳定保留至室温，部分转变为新鲜马氏体或者分解为碳化物。另一个原因是虽然 M_s 总是低于淬火温度，但是贝氏体相变可能发生，也会导致曲线的斜率出现变化[49]。仔细观察，事实上 A_1 至 A_2 之间的斜率是一直变化的，间接证明了未转变奥氏体稳定性的差异。从 A_2 以后，曲线的斜率为常数，表明相变过程已经完成。应当指出，卷取过程中会发生回火过程，而回火马氏体会减小体积，进一步证明了卷取过程中存在新鲜马氏体相变[50]。

当淬火温度增加到 360℃ 时，曲线的变化趋势和 240℃ 相似，但是表现出两个不同之处：（1）卷取过程中相变开始温度 T_1 更高，为 182℃；（2）斜率在 A_1 处变化更明显。分析过程为：当淬火温度升高时，配分前的初始组织包含更多的未转变奥氏体和更少的一次淬火马氏体。因为碳含量有限，未转变奥氏体含有较低的平均碳浓度，因此具有更高的 M_s 温度，所以更多的奥氏体发生了相变，保留少量至室温，如图 3-9 所示。

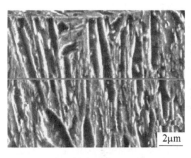 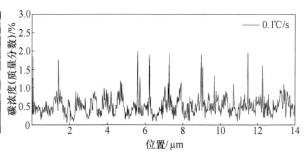

a

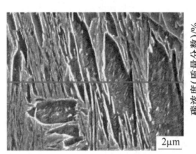 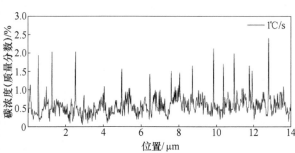

b

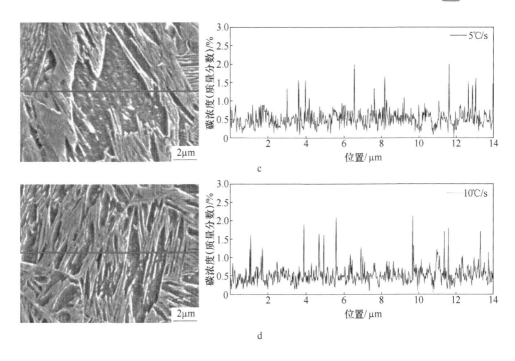

图 3-9 无弛豫处理试样碳浓度分布

a—QT=320℃, 冷却速率 0.1℃/s; b—QT=320℃, 冷却速率 1℃/s;

c—QT=320℃, 冷却速率 5℃/s; d—QT=320℃, 冷却速率 10℃/s

考虑到实际生产中钢卷不同位置具有不同的冷却速度, 心部冷速慢, 边部冷却快, 因此有必要研究卷取冷却速率对碳配分行为的影响。图 3-9 所示为不同卷取冷速处理下试样马氏体板条内碳浓度分布。从图中可以看出, 当卷取速率较低时, 0.1℃/s 和 1℃/s 时, 马氏体板条内碳浓度存在明显的起伏, 起伏的峰值碳质量分数在 0.75%~1% 之间, 波谷处的碳浓度质量分数为 0.2% 甚至更低; 当卷取冷速高达 5℃/s 和 10℃/s 时, 碳浓度分布相对较稳定, 没有明显的起伏。虽然, 碳浓度分布的绝对值可能存在误差, 但是该结果仍然表明了碳配分效果与卷取冷速有明显的关系。特别地, 碳配分动力学取决于淬火温度和卷取冷速两个参数。当卷取冷速较低时 (0.1℃/s), 此时试样将经过 3000s 才能从 320℃ 冷却至 20℃, 具有足够的时间完成碳配分过程, 因此未转变奥氏体出现富碳, 马氏体出现贫碳, 如图 3-9a 所示。当卷取冷速过高时 (5℃/s 和 10℃/s), 结果表明碳配分动力学不足, 马氏体板条内并没有明显的富碳区域, 结果导致组织中得不到较多残余奥氏体。

3.4　讨论

3.4.1　淬火温度对组织性能的影响

Q&P 工艺处理中淬火温度起着至关重要的作用，很大程度上决定了 RA。根据 Speer 提出的 CCE 模型，在不考虑配分动力学、界面迁移以及碳化物析出的条件下，存在一个最佳淬火温度点，能获得最大含量的 RA。在采取等温配分方式时，试样在淬火温度或者加热至更高温度进行保温一段时间，此时的 QT 和 PT 可以实现单独控制，并且 QT 可以刻意地控制为最佳温度，以此来获得最佳的未转变奥氏体和一次淬火马氏体的比例，配分过程则可以选择多个配分温度和时间的组合，工艺灵活性较强。然而，在动态配分工艺条件下工艺控制具有显著不同的特点，QT 不仅决定了配分前的初始组织状态，也决定了碳配分的驱动力。因此，最佳淬火温度可能有别于等温配分条件的最佳 QT，原因是有时最佳 QT 太低，不足以满足碳配分的动力学条件。

在动态配分条件下假设完全碳配分，采用 K-M 公式进行一次淬火马氏体分数的计算，基于 CCE 模型计算的相分数结果如图 3-10 所示。在实验试样中

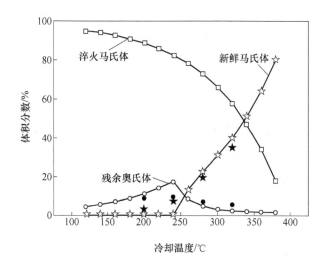

图 3-10　一次淬火马氏体、新鲜马氏体和残余奥氏体的相分数
（空心图案线条表示理论计算值，实心图案线条表示未经弛豫
处理试样的实际测量值）

新鲜马氏体是很难准确测量的，但是可以根据测量的 RA 进行推算，并将推算的新鲜马氏体分数视为准确的数值。通过上述处理把试样中准确的相分数也绘制于图 3-10 中。

从图 3-10 可以看出，理论计算的最佳淬火温度在 240℃ 左右，此时含有 18% 的 RA，对应的平均碳浓度为 1.069%。巧合的是实际测量最大 RA 也在 240℃ 获得，表明等温配分 CCE 模型在一定程度下适用于动态配分方式，虽然二者可能经历了不同的碳配分过程；同时也说明了 240℃ 淬火温度加上缓慢冷却过程满足碳分配的动力学条件。但是和理论计算 RA 最大值含量相比，实测最大 RA 含量仅为 10.1%，这是因为理论计算未考虑碳化物析出、等温相变和界面迁移等因素[51]。当淬火温度为 280℃ 和 320℃ 时，实测 RA 含量超过 7%，远远大于理论计算值。结果导致在一定的淬火温度区间内，RA 含量较为稳定，均超过 7%，对淬火温度的依赖性减弱，该结果为热轧 DQ&P 钢淬火工艺窗口的确定提供了有力的参考。此外，新鲜马氏体对性能有较大的影响，如图 3-10 所示，当 QT 低于 240℃ 时，组织中不存在新鲜马氏体；而当 QT 为 280℃ 时，其含量迅速增加至 40%。然而图 3-8 表明，当 QT 为 240℃ 和 360℃ 时均有新鲜马氏体相变，相变温度分别为 160℃ 和 182℃，根据 K-M 公式计算，在该相变温度对应的 RA 中碳含量应该为 0.75% 和 0.7%。通过计算，在 360℃ 淬火处理时应该有 65.8% 未转变奥氏体，考虑全部碳配分时，此时的碳浓度应该远小于 0.7%，因此马氏体相变的温度点应大于 182℃。发生该现象的原因为，360℃ 淬火配分处理时发生了较多的等温相变。从图 3-11 可以看出，当 QT 为 240℃ 时，大部分奥氏体均发生马氏体相变，仅有 18% 的未转变奥氏体发生碳配分过程，最终部分奥氏体保留至室温；当 QT 为 360℃ 时，等温相变现象被观察到，如图 3-11b 所示，该等温相变发生非常迅速，在 13s 内完成了大部分，在 39s 内完成所有的等温相变。应该说该等温相变产物不是热马氏体或者贝氏体，而是等温马氏体，因为低过冷度、低激活能和短暂的时间[51]。从膨胀量的大小定性分析可以判定大部分母相奥氏体在该等温相变过程中发生了相变。如果考虑全部碳配分，结合相变点 182℃，此时对应的未转变奥氏体为 27%，远小于 K-M 计算值 65.8%。该等温相变现象在近期的研究中也被观察到，如一些 Fe-C、低 C-Si-Mn 钢[52]，该机制对碳配分行为有重要的影响。当试样在较高温度淬火时，快速的等温相变消耗掉大量的母相奥氏体，导致剩余的奥氏体能接收到充分的碳含量，并且部分保留至室温。因此，如图 3-11 所示，在较高温度淬火时（280℃和 320℃），仍然能保留 7%以上的 RA。换言之，该等温相变机制促进了 RA 的获得，并且拓宽了可用于淬火处理窗口。

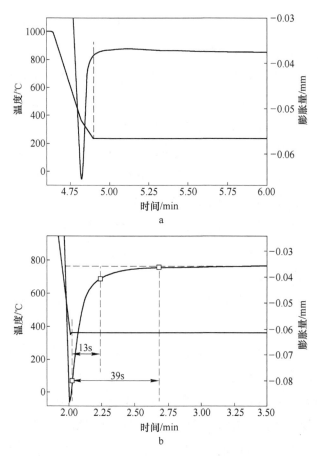

图 3-11　M_s 以下的等温相变行为观察

a—QT=240℃；b—QT=360℃

实测的新鲜马氏体分数也不同于理论计算，在 QT 为 200℃和 240℃时，组织中含有 3%和 7.6%的新鲜马氏体，原因是低温淬火时不足够的碳配分，导致部分富碳不足的奥氏体发生相变。当 QT 进一步增加至 320℃时，新鲜马氏体分数为 35.1%，这其中还包含有等温马氏体的体积分数。新鲜马氏体含有比一次淬火马氏体更高的碳含量，因此具有更高的硬度值，可以弥补高温淬火时因一次马氏体体积分数少以及回火导致的硬度降低，使得硬度值在一定的淬火温度区间也较为均匀。基于组织性能的均匀性考虑，热轧淬火—动态配分工艺是一个比较理想的生产高强钢的工艺。

3.4.2 动态配分动力学和淬火工艺窗口分析

对于普通低碳钢而言，在进行动态配分处理时，淬火温度的区间和等温配分相似，基本在 200~400℃ 之间。在动态配分连续冷却过程中，各种机制同时发生，比较复杂，碳扩散在该过程中起着决定性的作用。在等温配分处理时，碳扩散程可以近似用式（3-1）计算：

$$X_c \approx \sqrt{2Dt} \tag{3-1}$$

式中　t——时间；

　　　D——在元素奥氏体或者马氏体中的扩散系数。

其中 D 值可用式（3-2）计算：

$$D = D_0 e^{\frac{-Q}{RT}} \tag{3-2}$$

式中　D_0——前频率因子；

　　　T——温度；

　　　R——气体常数；

　　　Q——原子的扩散激活能。

从式（3-1）、式（3-2）中可以看出，扩散程决定于 D 值和 t。当进行等温处理时，D 是固定值，然而动态配分条件下 D 值随着温度的变化进而改变。为了简化处理平均 D 值可用积分中值定理进行计算：

$$D' = \int_{T_0}^{QT} D dT / (QT - T_0) \tag{3-3}$$

式中　QT——淬火温度；

　　　T_0——室温。

扩散时间由卷取冷却速率决定：

$$t = \frac{QT - T_0}{V} \tag{3-4}$$

式中　V——卷取冷却速率。

结合式（3-4），动态配分条件下碳扩散程可以表达为：

$$X_c \approx \sqrt{2\int_{T_0}^{QT} D_0 e^{\frac{-Q}{RT}} dT / (QT - T_0) \frac{QT - T_0}{V}} \qquad (3\text{-}5)$$

通过式（3-5），可以看出，动态配分条件下碳扩散程取决于淬火温度和卷取冷却速率，并且可以用该公式进行计算。考虑到 C 在马氏体中扩散速度为在奥氏体的数量级，因此配分时主要考虑碳在奥氏体中的扩散程，计算结果如图 3-12 所示。从图中可以看出，当 QT 大于 300℃并且冷速小于 1℃/s 时，碳在奥氏体中的扩散程能达到较高的数值。图 3-12b 和 c 显示了一定温度和冷速区间下的碳扩散程。可以发现，碳扩散程受 QT 的显著影响：当 QT 小于 240℃时，在很小的冷速下，扩散程仍然小于 20nm，如红色虚线所示，此时碳扩散程主要几乎不受冷速的影响。

在当前的研究中，根据组织的观察，马氏体板条的尺寸在 200~400nm 之间，残余奥氏体的尺寸在 50~100nm 之间。此外，块状残余奥氏体的稳定主要是因为铁素体的排碳作用，而板条间的薄膜奥氏体则是由动态碳配分所决定。假如要稳定一个薄膜状的 RA，考虑半带宽的影响，碳在奥氏体中扩散至少应该达到 20nm。但是当 QT 为 200℃、240℃和 280℃时，仍然获得较多的 RA，而此时的碳扩散程仅为 1nm、6nm 和 21nm。分析造成该结果的原因可能是：（1）大量的压缩变形产生的缺陷提供更多的碳扩散通道，从而促进了碳配分；（2）竞争机制在低温时更难发生，并且纳米级马氏体板条的静水压力使得未转变奥氏体更难发生相变。事实上，当冷速处于较低时（0.04℃/s），RA 的含量在淬火温度区间内差异并不大，如图 3-6 所示。而当冷速上升至 5℃/s 和 10℃/s 时，碳扩散程为 4nm 和 6nm，此时不能完成碳配分行为，从图 3-9 可以看出碳浓度起伏并不明显。

根据计算和实验结果，DQ&P 工艺处理的窗口示意图如图 3-13 所示，黑色实线代表碳在奥氏体中扩散程为 20nm 的分界线，在曲线上方区域代表扩散程大于 20nm，相应的为可用于 DQ&P 处理的区间；而曲线下面区域则是不能进行碳配分处理的区域。基于动力学的考虑，当冷速小于 0.1℃/s 时，较宽的 Q&P 处理窗口，QT 温度 280~400℃可以获得。考虑变形对碳扩散的加速作用，可处理窗口应当适当扩宽，如图 3-13 中虚线曲线所示，该曲线的位置仅为定性的位置，很难准确计算出其具体位置。这也是为何 QT 为 200℃和 240℃时获得超过 8%RA 的原因。当冷却速度在 0.1~16℃/s 之间时，可用于

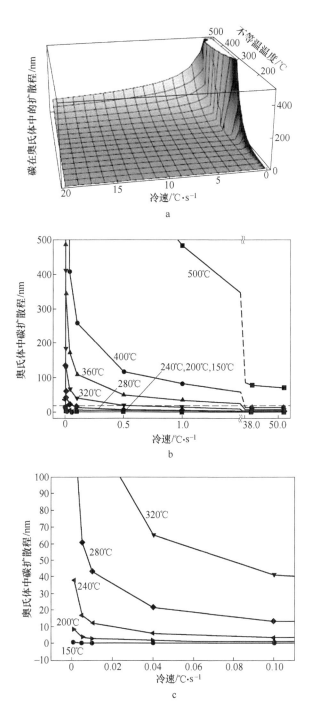

图 3-12 动态配分条件下奥氏体中碳扩散程计算

$D_0 = 0.15 \text{cm}^2/\text{s}$；$Q = 143.2 \text{kJ/mol}$；$R = 8.314 \text{J}/(\text{mol} \cdot \text{K})$

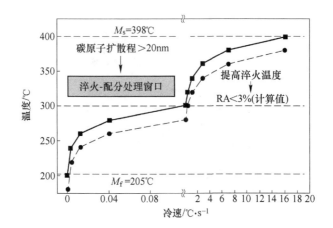

图 3-13   热轧 DQ&P 工艺处理窗口示意图

Q&P 处理的区域急剧下降，此时的可处理窗口为 300～400℃。根据 CCE 模型，当淬火温度超过 300℃ 时，大量的未转变奥氏体不能获得足够的碳含量并且分解为其他相，导致获得 RA 低于 3%。然而，在当前的研究中发现在较高淬火温度时，存在等温相变的现象，该行为促进了奥氏体的稳定，最终超过 7% 的 RA 在 QT 为 280℃ 和 320℃ 时获得。该结果表明较高的淬火温度和较宽的冷速区间内仍然能获得较多的 RA，是有利的 Q&P 处理窗口。

一般而言，针对热轧钢卷，其空气中的冷却速度较低，通常低于 0.1℃/s，该速度取决于钢卷的尺寸和位置。因此，可以说实际生产中的热轧钢卷冷却现状可以保证碳配分的进行，从而获得较多的 RA。总之，该计算和实验结果表明了热轧 DQ&P 工艺的可行性，并且为其工业化生产提供了有力指导。特别地，在本研究中，当淬火温度在 200～320℃ 时，配合低于 0.1℃/s 的冷速是可用于 Q&P 处理的温度参数。

3.5   本章小结

本章采用低碳硅锰钢模拟了 DQ&P 工艺，分析了淬火温度对组织和硬度的影响，并且详细讨论了动态配分行为，得到以下结论：

（1）马氏体、贝氏体和残余奥氏体能够在 DQ&P 工艺下获得。RA 以薄膜态分布于马氏体板条间和以块状分布于马氏体/铁素体界面处或铁素体晶粒内。

（2）当动态配分冷速为0.04℃/s时，200~320℃的淬火温度区间内，RA的含量在7%~11%之间，表明了一个较为稳定的Q&P处理窗口。实验最佳淬火温度和理论计算保持一致，均为240℃。

（3）引入铁素体能促进RA的稳定，获得块状的RA，但是会一定程度降低实验钢的硬度值。

（4）在卷取过程中会发生相变，从而改变淬火温度和力学性能的关系，使得在较高淬火温度时仍然具有高的硬度值。

（5）在高温淬火时（280℃和320℃），有等温相变行为发生，导致了超过7%的RA获得。

（6）当卷取冷速低于0.1℃/s时，有充足的动力和时间完成碳配分过程，证明动态配分适用于当前热连轧生产线。

4 热轧直接淬火 — 动态配分 DQ&P 钢组织性能

4.1 引言

在第 3 章中已经验证了动态配分在热连轧生产线中的可行性，并且存在较宽的 Q&P 处理窗口。本章在第 3 章的基础上进一步开展热轧实验，探究工艺参数——淬火温度对组织性能的影响。

4.2 实验材料与方法

实验所用钢坯在 150kg 真空感应熔炼炉中冶炼，浇注成钢锭，然后经热锻并机械加工成 40mm（厚）×60mm（宽）×100mm（长）规格的板坯。实验钢的化学成分（质量分数,%）为：C 0.21，Si 1.61，Mn 1.63，Al 0.05，P 0.0035，S 0.0016，Fe 余量。

热轧实验在东北大学 RAL 实验室 ϕ450mm 二辊可逆式热轧机上进行，工艺方案如图 4-1 所示。将钢坯加热至 1200℃ 保温约 1.5h，经 8 道次将 40mm 厚坯料轧至 4mm，终轧温度控制在 850～870℃。然后利用轧机后部配备的超快速冷却系统（包含层流冷却）对热轧钢板进行高速率冷却，试样 1 终冷温度为 210℃；试样 2 终冷温度控制在 320℃；试样 3 终冷温度控制在 350℃，然后立即置于事先预热至 330℃、331℃、330℃ 的电阻加热炉中进行随炉冷却至室温。

获得的试样经 3% 硝酸酒精侵蚀后，在 Leica DMIRM 光学显微镜下观察金相组织，采用 FEI QUANTA 600 扫描电镜（SEM）获得微观组织；透射电镜（TEM）试样经机械和双喷减薄后，利用 TECNAI G²F20 透射电镜对试样的微观结构进行进一步研究；残余奥氏体含量测定在 X 射线衍射仪（XRD）上进行，采用 Cu 靶，扫描角度为 40°～120°，另外，为避免织构的影响，选

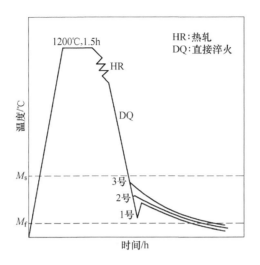

图 4-1　实验室热轧工艺示意图

择奥氏体 $(200)_\gamma$、$(220)_\gamma$ 和 $(311)_\gamma$ 三条衍射线以及马氏体 $(200)_\alpha$ 和 $(211)_\alpha$ 两条衍射线，共 5 条衍射线进行积分强度 I 计算，残余奥氏体体积分数 V_γ 计算和前面章节相同。

力学拉伸实验利用 INSTRON 万能试验机在室温条件下进行，试样采用标准拉伸试样，沿钢板轧制方向截取，拉伸测试速率为 3mm/min。

4.3　实验结果与分析

4.3.1　显微结构

相较于传统的 Q&P 工艺，本研究由于淬火后随炉冷却时间长，冷速极低，故相当于等温转变过程。在该过程中不仅会发生碳配分，而且一些贫碳的不稳定奥氏体会向马氏体转变生成二次淬火马氏体，其次长时间的高温回火也会使马氏体呈现明显回火特征并且有少量碳化物的析出。

利用 OM 和 SEM 对实验钢的显微组织和形貌特征进行分析，典型的结果如图 4-2 所示，微观组织主要由马氏体、少量铁素体和碳化物析出相组成。

从图中可以观察到 3 个试样的形貌特征有明显的差异。由于试样 1 在终淬温度 210℃放置 330℃炉子进行随炉冷却，因此组织发生了较大程度的回火，

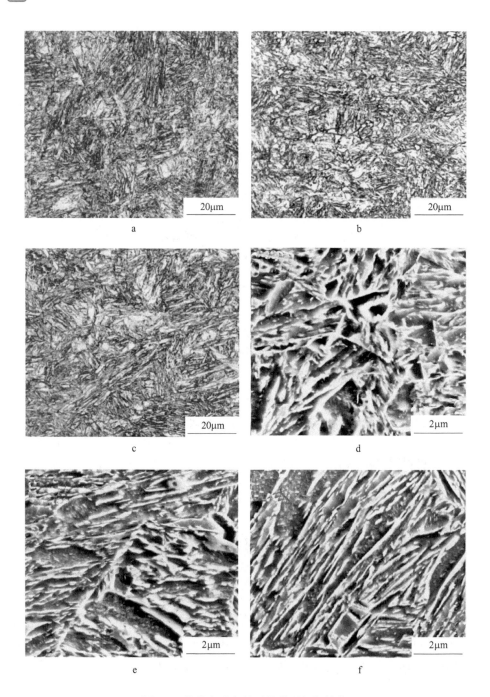

图 4-2　热轧实验条件下的微观组织结构

a—试样 1（OM）；b—试样 2（OM）；c—试样 3（OM）；d—试样 1（SEM）；

e—试样 2（SEM）；f—试样 3（SEM）

体现在马氏体板条模糊、变粗、变宽（图 4-2d）。相对而言，试样 2 进行了较低程度的回火过程（图 4-2e），试样 3 中马氏体板条则清晰、细小，并无明显回火过程（图 4-2f）。

为了进一步探究该工艺条件下实验钢的微观结构，对实验钢进行了 TEM 观察，图 4-3 所示为试样 1 的 TEM 图像。由于试样 1 进行了较大程度的回火，因此一次淬火马氏体除了呈现出显著的回火特性外，还呈现了孪晶马氏体特征（见图 4-3b 箭头所示）。在长时间卷取配分过程中，部分残余奥氏体发生了二次转变，图 4-3a 即为试样 1 的二次淬火马氏体的明场相，其呈现出典型的位错型板条马氏体特征，板条平行趋势明显，宽度约 $0.1 \sim 0.4 \mu m$。在马氏体板条间清晰可见存在着薄膜状的残余奥氏体。此外在马氏体基体上观察到了碳化物析出相的存在，如图 4-3b 圆圈所示，析出相呈长条状，且其长轴方向趋近于一致，另外依据原马氏体板条取向的差异，同样存在着与之呈一定角度的碳化物析出相。

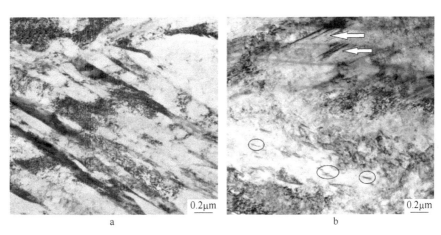

图 4-3 热轧实验工艺下试样 1 的 TEM 图像

a—二次淬火 M 相明场像；b—一次淬火 M 特征

4.3.2 残余奥氏体的分析与计算

在 Q&P 工艺条件下，有效抑制碳化物的析出是该工艺的关键。因为碳化物的析出会消耗一部分碳，从而减少后续过程中用于配分的碳，最终影响室温下稳定奥氏体的含量。得到室温下稳定的残余奥氏体还在于奥氏体的富碳过程。此过程发生在以下两个方面：一是在高温轧制过程中，终轧温度降至两相区，或者发生了形变诱发铁素体相变过程（DIFT）。铁素体的形成是一个排碳过程，造成铁素体周围的奥氏体有了碳浓度起伏，这便是一次配分过程，结合后续卷取配分过程，铁素体晶界处的残余奥氏体便容易保留到室温。二是在随炉冷却时发生了碳从马氏体内迁移到奥氏体的过程，由于奥氏体转变的不完全，在马氏体片层间会有部分残余奥氏体，在配分温度、配分时间等因素综合影响下，可能导致其富碳，从而保留至室温，亦有可能发生二次马氏体转变。

对试样 3 进行 EPMA 观察，如图 4-4 所示，图 4-4b 为区域扫描 C 浓度分布的结果。从图中可以看到，铁素体周边、马氏体晶界和板条内部出现亮色丝条状，表明此处为富碳位置。

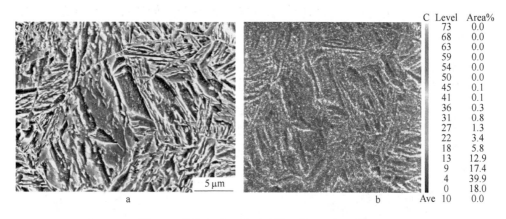

图 4-4 热轧实验工艺下试样 3 的 EPMA 图像

a—EPMA 局部选区形貌；b—选区 C 浓度分布

进一步对试样 3 进行 TEM 观察，图 4-5a 所示为明场像，图 4-5b 所示为暗场像。从图中可以清晰地看到马氏体片层间以薄膜状形态分布的物质，对其进行电子衍射斑点的标定，发现其确实为残余奥氏体。

采用 X 射线衍射仪对 3 个热轧试样进行测试，其衍射谱如图 4-6 所示。由图可见，各试样中存在不同程度的奥氏体衍射峰，其中试样 3 的 $(111)_\gamma$、$(200)_\gamma$、$(220)_\gamma$、$(311)_\gamma$ 峰最明显，试样 2 略微有衍射峰，而试样 1 几乎没有奥氏体衍射峰。经式（1）计算，试样 1、试样 2 和试样 3 中残余奥氏体体积分数分别为 6.52%、9.82%、11.50%，如图 4-7 所示。

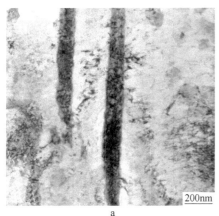 

图 4-5 热轧实验工艺下试样 3 的 TEM 图像

a—试样 3 马氏体明场像；b—试样 3 马氏体暗场像

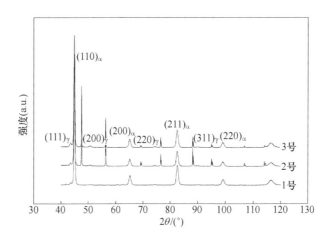

图 4-6 热轧实验工艺条件下试样的 XRD 谱

从图 4-7 中可以看到，随着卷取配分温度的升高，试样中的残余奥氏体含量增加，并且能达到较高的百分含量 11.50%，这将对材料的塑性做出巨大的贡献，其原因为：（1）裂纹遇到残留奥氏体时将形成分支，使裂纹扩展所需的能量增大；（2）残留奥氏体易发生范性应变，使裂纹尖端应力集中的程度降低，需更大的应力才能使裂纹失稳扩展——裂纹扩展钝化；（3）裂纹前沿的范性变形呈现相变诱发塑性（TRIP），有利于消除应力集中；（4）α/α条间为高能量转动界面，有利于裂纹扩展，而γ/α为高度共格界面，不利于裂纹扩展。

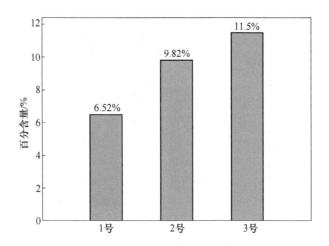

图 4-7 热轧实验工艺条件下试样的残余奥氏体百分数

4.3.3 拉伸行为及断口分析

由于本实验钢加入的合金元素硅抑制了碳化物的沉淀，碳在未转变的奥氏体中不断富集，奥氏体因碳浓度很高而稳定性大大增强。锰的加入使 M_s 下降，残余奥氏体含量增加。所以，采用 Q&P 工艺热处理后，最终得到马氏体和残余奥氏体两相组织。马氏体表现出对强度的影响，而奥氏体则反映在塑性指标上。

如表 4-1 所示，试样 3 抗拉强度能达到 1370MPa，而试样 1 和试样 2 抗拉强度相对较低，经过分析，此结果为不同程度回火导致。进而观察表 4-1 中材料的屈服强度可以发现，试样 3 的屈服强度最低，这是由于马氏体中含碳量低造成的，这个现象表明了在卷取配分过程中，碳会发生不同程度的迁移来完成配分过程，而在 350℃ 随炉卷取配分时，碳发生了较多迁移，从而导致该试样屈服强度低，最终形成较多的残余奥氏体（图 4-7），在不降低强度的基础上大大提高了材料的塑性，因此试样 3 体现出了最高的强塑积。

大量残余奥氏体在室温下稳定存在，使得 Q&P 钢在具有更高强度的同时也保持了较高的塑性和韧性。对拉伸后的材料断口进行观察，发现断口纤维区为韧窝状（图 4-8a），体现出良好的塑性，其断裂方式为韧性断裂。结合拉伸曲线可以看出材料屈服变形较早，并且有很长一段均匀变形过程，屈强比低，体现出良好的加工性能（图 4-8b）。

表 4-1　实验钢的力学性能

试样	屈服强度/MPa	抗拉强度/MPa	伸长率/%	强塑积/GPa・%
1 号	1170	1330	10.8	14.4
2 号	1120	1280	13.2	16.9
3 号	915	1370	14.2	19.5

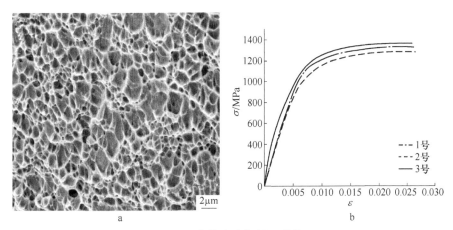

图 4-8　拉伸实验与断口形貌

a—试样 3 单向拉伸断口韧窝形貌；b—拉伸曲线

4.4　本章小结

（1）热轧 DQ&P 采用卷取配分方式，室温得到的组织为马氏体（其中包括回火马氏体、孪晶马氏体和二次淬火马氏体）、残余奥氏体及少量铁素体和碳化物析出相。

（2）热轧卷取配分的条件下残余奥氏体百分含量随着卷取温度的升高而增多，350℃时含量高达 11.50%，并且有呈薄膜状残余奥氏体分布于马氏体板条束之间。

（3）随着卷取温度的增加，材料的强塑积增加，且在 350℃条件下有较高强度和塑性，强塑积高达 19.5GPa・%。

（4）经 Q&P 处理的材料具有良好的塑性，其断口纤维区呈现明显的韧窝状，断裂方式为韧性断裂。

5 基于"TMCP 工艺 — 动态碳配分技术"的高强塑积复相钢研发

5.1 引言

将 Q&P 工艺引入热连轧生产线具有重要的意义，可以充分利用新一代 TMCP 工艺对组织调控的优势。"TMCP+Q&P"工艺具有以下几个优势：(1) 引入轧制变形——控制轧制极大程度细化了原始奥氏体晶粒，增加了奥氏体的机械稳定性，增加了缺陷密度，为后续配分过程提供更多的碳原子扩散通道。(2) 实现组织的灵活控制——采用不同的冷却路径可获得以马氏体或者贝氏体为基体的不同复相组织，通过引入空冷弛豫的过程可引入软相铁素体，进一步提升塑性；通过淬火至贝氏体区间可获得铁素体、贝氏体和残余奥氏体或贝氏体加残余奥氏体的复相组织。(3) 钢卷余热在线配分处理——在热轧钢卷的自然冷却过程中实现碳的重新分配，从而获得室温下稳定的奥氏体。(4) 低合金成分的设计——采用以超快冷为核心的 TMCP 技术可以最大限度地利用位错强化和相变强化，减少合金元素的使用，实现低碳低合金的成分设计，既保证了原料的低成本，又保证了良好的焊接性能。

应该说 TMCP+Q&P 工艺是一种易于工业化、可灵活控制生产不同强度级别的创新型工艺，可实现一钢多级的调控。本章节基于该工艺，采用三种实验成分钢进行动态配分 DQ&P 工艺研究，重点分析动态配分对 RA 的影响以及碳含量对配分行为的影响，以得到性能良好的实验原型钢。

5.2 实验材料与方法

实验用钢见表 5-1，在真空熔炼炉融化后浇铸成钢锭，然后锻造成截面为 60mm×40mm 板坯。热力学温度 A_{e3} 采用 Thermo-calc 5.0 进行计算，M_s 点采用经验公式进行计算，结果列于表 5-1 中。

表 5-1　实验钢化学成分（质量分数,%）及热力学参数（℃）

实验钢	C	Si	Mn	A_{e3}	M_s
A	0.19	1.60	1.60	846	398
B	0.12	1.55	1.55	868	429
C	0.078	1.55	1.61	887	447

图 5-1 所示为轧制及冷却工艺示意图，所有试样包含相同的奥氏体化和轧制过程，钢板加热至 1200℃，保温 1.5h，在 1120℃ 轧制 2 道次，钢板厚度从 40mm 轧制到 18mm。随后空冷至 920℃ 开始第二阶段轧制，经过 4 道次轧制到 4mm，终轧温度控制在 880℃ 左右。工艺 1 在热轧后直接淬火至 QT 温度，

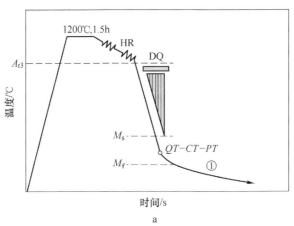

a

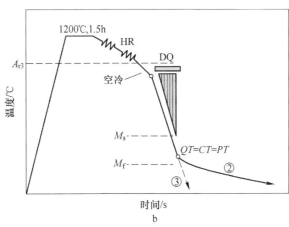

b

图 5-1　热轧及冷却工艺示意图

HR—热轧；DQ—直接淬火；QT—淬火温度；CT—卷取温度；PT—配分温度

随后进行炉冷。相比而言，工艺2在热轧后先经过一段空冷，再经过淬火及炉冷。工艺3热轧后经过空冷，随后直接淬火至室温。工艺1和工艺2中配分行为发生在钢板从QT缓慢冷却至室温的过程中。研究采用的5块钢板的具体参数见表5-2。

表5-2 轧制及冷却工艺参数

实验钢	编号	过程	是否空冷	淬火前 温度 $T/℃$	淬火温度 $T/℃$
A	No. 1	1	否	880	280
A	No. 2	2	是	760	280
A	No. 3	3	是	760	RT
B	No. 4	2	是	760	330
C	No. 5	2	是	830	230

拉伸试样沿着钢板轧向进行截取，其尺寸为宽12.5mm，厚4mm，标距为50mm，室温拉伸试验在CMT5105-SANS上进行，拉伸速度为2mm/min。每块钢板拉伸三个试样，抗拉强度、屈服强度和伸长率取平均值。

选择部分试样进行元素浓度分布测试，采用装备有EDS系统的JXA-8530F电子探针仪器进行实验，仪器工作电压为20kV，电流为2×10^{-8}A，扫描步长为40nm。组织表征在装备有EBSD探头的Ultra-55场发射扫描电镜上进行。透射实验在TECNAL G^2 F20上进行，仪器工作电压为200kV。扫描及电子探针实验样品在打磨抛光后用4%的硝酸酒精腐蚀10~15s，EBSD制样采用电解抛光仪器，腐蚀液为浓度为12.5%的高氯酸酒精溶液，抛光电流为1.2A左右，时间为25s，透射样品先磨至45μm，随后在-25℃进行电解双喷。

残余奥氏体含量及其碳含量测定与前面章节相同。

5.3 结果与讨论

5.3.1 先共析铁素体及碳浓度对残余奥氏体的影响

从图5-2中可以看出，试样1的典型组织为板条马氏体。相比而言，试样2还包含25%的先共析铁素体，并且马氏体被分割为尺寸较小的块，该组织特点对提升强韧性有好处。试样3的马氏体组织内部形貌不易观察到板条特点，呈现典型淬火态的特征。此外，观察图 5-2a 还可以发现，马氏体基体上分布着一些碳化物，其形成源于试样 1 的长时间卷取发生回火；与之对比，当引入部分铁素体后，试样 2 上马氏体块上无明显碳化物。试样 4 和 5 中碳浓度相对较低，组织中含有更多的铁素体，其含量分别为 62% 和 52.2%，其马氏体块也更加细小。

A 钢试样的碳浓度分布显示于图 5-3 中，明显地，碳浓度分布不均匀。从图 5-3a 中可以看出马氏体板条间为碳富集区域，说明了在动态配分过程中碳原子从过饱和马氏体扩散至未转变奥氏体中。对于试样 2，除了马氏体板条间富碳外，碳原子还富集在先共析铁素体的边界，如图 5-3b 所示，该分布

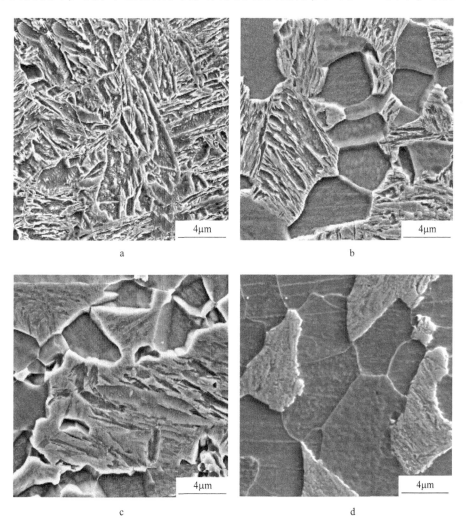

a

b

c

d

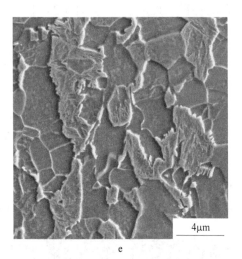

e

图 5-2 试样的扫描形貌观察

a—试样 1；b—试样 2；c—试样 3；d—试样 4；e—试样 5

特点表明先共析铁素体能促进碳的不均匀分布。与之对比，试样 3 被直接淬火至室温未经历动态配分过程，可以看出，碳原子仅富集在铁素体边界。鉴于此，在低碳钢进行 Q&P 处理时，引入适量的铁素体很有可能可获得更多的 RA，从而更进一步提升其力学性能。在该研究中，Mn 和 Si 的分布基本均匀，其表征结果并未呈现在此处。值得注意的是，尽管先共析铁素体能有效促进碳原子的不均匀分布，但是该作用会受到实验钢碳浓度的限制，在后面部分将对其进行分析。

为了研究先共析铁素体和动态配分的耦合作用对 RA 分布、形态和数量的影响，对试样 2 进行了 EBSD 分析。如图 5-4 所示，试样 2 中 RA 分布在马氏体板条内、铁素体晶粒内和铁素体/马氏体界面。在马氏体内部分布的 RA 呈现薄膜状形态，而铁素体晶界或界面处的 RA 呈现块状形态。当前部分研究指出，未转变奥氏体的形态和分布对其配分效果有较大的影响[53,54]。首先，更小的奥氏体尺寸有更大的潜力从周围相吸收碳原子，因为单位奥氏体体积内相对于相邻相具有更大的界面区域，该界面区域能为碳配分提供更多的扩散通道。其次，由于马氏体板条的静水压力作用，这些板条间的薄膜状未转变奥氏体更容易被稳定下来，因此具有相对降低的碳浓度。考虑到 EBSD 步长选择为 40nm，一些 RA 并未被检测出来，其准确的 RA 含量依赖 XRD 实

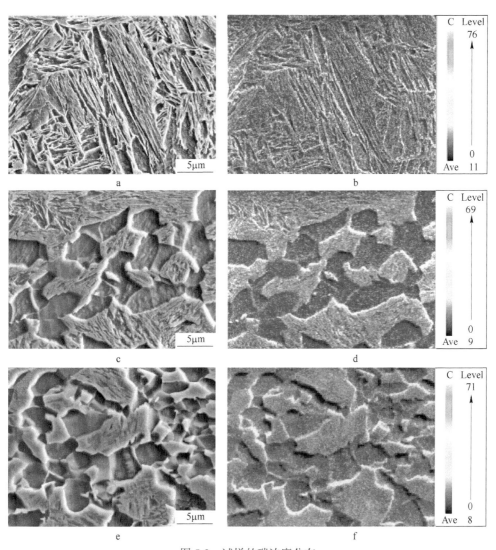

图 5-3 试样的碳浓度分布

a—试样 1 二次电子形貌；b—试样 1 碳浓度分布；c—试样 2 二次电子形貌；

d—试样 2 碳浓度分布；e—试样 3 二次电子形貌；f—试样 3 碳浓度分布

验结果。图 5-5 显示了三个试样不同的强度的 XRD 衍射峰，并且试样 2 的奥氏体衍射峰最强。通过计算，试样 1、试样 2 和试样 3 的 RA 含量分别为 8.5%、11.3%和 4.5%。可以看出，三个试样中，试样 2 具有最高含量的 RA，表明了先共析铁素体有助于获得更多的 RA。此外，三个试样的 RA 中平均碳浓度为 0.9%、1.3%和 1.0%，该碳浓度分布特点印证了当前的一些研究，即依赖铁素体形成的块状 RA 含有更高的碳浓度，而薄膜 RA 碳浓度更低。容易

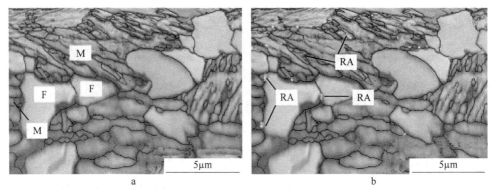

图 5-4 试样 2 的 EBSD 分析

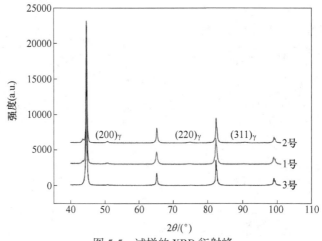

图 5-5 试样的 XRD 衍射峰

理解，薄膜 RA 分布于马氏体板条间，而马氏体基体上常观察到碳化物的形成，该碳化物消耗了部分用于稳定奥氏体的碳，因此导致了薄膜 RA 相对较低的碳含量。而分布于铁素体晶界和铁素体/马氏体界面的 RA 含有高碳的原因是，先共析铁素体的形成排出大量的碳，并且马氏体界面提供大量扩散通道使得碳可以从过饱和马氏体扩散至奥氏体内。

一般而言，促进相关元素的富集是稳定奥氏体的主要手段，其机理为通过元素富集使得奥氏体的 M_s 降低至室温以下，从而稳定保留至室温。各元素对 M_s 的影响如下面所示：

$$M_s(℃) = 539 - 423C - 30.4Mn - 7.5Si + 30Al$$

从式中可以看出，通过稳定元素来得到 RA 最有效的方式是促进碳的富集。但是元素配分并不是唯一的稳定 RA 的方式，奥氏体的尺寸和形态仍然具有较大的影响。在该研究中，对于 A 钢的成分，仅仅当碳浓度超过 1.072% 时，奥氏体的 M_s 点才能低于室温（25℃）。然而，对于试样 1，奥氏体的平均碳浓度却仅为 0.9%，说明了更少的碳被需要用于稳定薄膜 RA，这是由于薄膜 RA 具有更小的尺寸和条状的形态。基于该结果，可以合理推断，对于 B 钢和 C 钢，通过大轧制变形来减小奥氏体尺寸，并控制未转变奥氏体的尺寸和形态，结合引入部分先共析铁素体，能获得更多的 RA。

虽然试样 4 和试样 5 的碳浓度相对较低，分别为 0.12% 和 0.078%，但是仍然获得了一定含量的 RA。分析原因为足够含量的铁素体形成时对原奥氏体晶粒进行了充分的分割，从而在后续相变时产生更细小的马氏体板条和未转变奥氏体。经过计算，试样 4 和试样 5 的 RA 体积分数为 10.2% 和 6.0%，并且 RA 中碳质量分数为 1.2% 和 1.1%。从该结果可以看到，在忽略计算误差的情况下，似乎所有的碳都用于配分。此外，该研究为低碳钢获得 RA 提供了重要的思路。

图 5-6 显示了试样中 RA 的类型，薄膜状的 RA 宽度在 29~60nm 之间，并且和相邻马氏体板条呈现 K-S 的关系，如图 5-6c 所示。块状 RA 分为两种类型，被铁素体包围的呈现多边形态，宽度约为 200nm；另一种分布于铁素体/马氏体界面，呈现多种形态：尖角部分宽度约为 100nm，延伸至铁素体内部，而另一端尺寸稍大位于界面处。因为 A 钢具有较高的初始碳浓度，所以这些块状 RA 大部分都是连续的、整块的被保留。仔细观察发现，仍然有很小一部分马氏体位于块状 RA 内，在试样 4 和试样 5 中更为明显，表明碳在奥氏体区域内部分不均匀。部分文献也得到该结论。在不同的奥氏体区域碳浓度存在差异，主要因为形成先共析铁素体时排出的碳不均匀分布，并且淬火后未转变奥氏体有不同的形态和尺寸，其吸收碳能力有差异。最终，这些形态较小的未转变奥氏体和位于铁素体边界的奥氏体具有相对较高的碳含量，更容易稳定保留至室温。

试样 4 和试样 5 中 RA 观察结果如图 5-7 和图 5-8 所示。对于试样 4，除了典型的薄膜 RA，仍然存在块状 RA。但是和试样 2 有所不同，试样 4 中的块状 RA 呈现长条状，约 200nm 宽，并且不连续，分布于铁素体/马氏体相界面以及被铁素体包围的部分被全部保留，而心部的部分相变为了马氏体。与试样 2 和试样 4 相比，试样 5 中不能得到薄膜状的 RA，并且发现大量条状孪

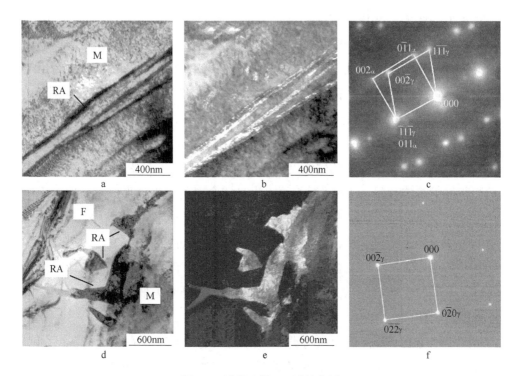

图 5-6　试样 2 的 RA 透射表征

a—薄膜 RA 明场像；b—薄膜 RA 暗场像；c—选区衍射；

d—块状 RA 明场像；e—块状 RA 暗场像；f—选区衍射

晶马氏体。此外，试样 5 中的块状 RA 也较难检测到，它具有更小的尺寸，分布于相界面。该结果表明，C 钢中 0.078% 的初始碳浓度过低，导致马氏体板条间的薄膜奥氏体经过配分后仍然不足以稳定保留，从而在后续冷却过程中因具有相对较高的碳含量而发生孪晶马氏体相变。此外，在如此低的碳浓度下，铁素体排碳对奥氏体的稳定作用也有限，仅能获得少量形态较小块状奥氏体。

对于更低碳钢用于 Q&P 处理，如 B 钢和 C 钢，因为碳浓度低的原因。在形成先共析铁素体时，如若碳浓度在一个奥氏体区域内均匀分布，该奥氏体区域将很有可能在淬火或者配分过程中整体相变为马氏体。但是，在大多数情况下，在淬火之前，碳浓度在同一个奥氏体区域仍然呈现不均匀分布，那些相界面和铁素体晶界附近含有更高的碳含量，这些富碳区域能有机会稳定保留至室温。此外，在试样 4 和试样 5 中，有更多铁素体参与分割原奥氏体

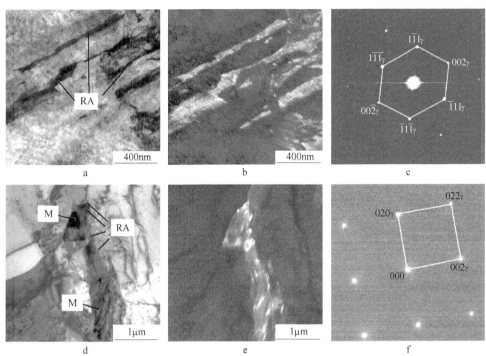

图 5-7 试样 4 的 RA 透射表征

a—薄膜 RA 明场像；b—薄膜 RA 暗场像；c—选区衍射；d—块状 RA 明场像；

e—块状 RA 暗场像；f—选区衍射

晶粒，导致有更大比例的合适的奥氏体块参与后续淬火和配分过程，增加了奥氏体稳定的概率，这是在 B 钢和 C 钢获得 RA 的重要原因。虽然在低碳钢中先共析铁素体稳定 RA 的能力有限，但通过该方式调整组织比例含量以及淬火配分的工艺，使得如此低碳含量的钢种获得良好的力学性能，对实际生产具有重要的指导意义。

5.3.2 残余奥氏体和力学性能的关系

力学性能测试结果列于表 5-3 中。可以看出，试样 1 的屈服强度和屈强比都非常高，分别是 985MPa 和 0.79，但其伸长率仅为 13.37%，导致了较低的强塑积，16.666GPa·%。试样 2 在引入一定含量的铁素体后，屈服强度降低至 650MPa，并且抗拉强度降低 177MPa，为 1070MPa，但是伸长率大幅度提升，达到21.4%，使得强塑积高达 22.9GPa·%。同样的，试样 4 和试样 5 获得了多尺度的复相组织，具有良好的综合力学性能，强塑积均超过 20GPa·%，

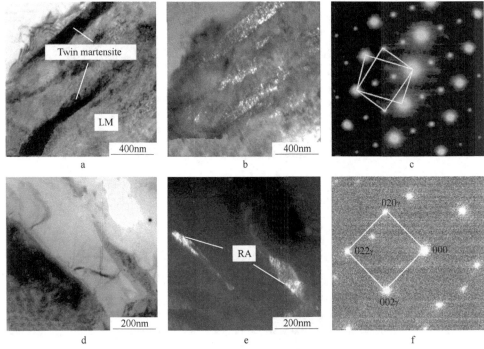

图 5-8　试样 5 的 RA 透射表征

a—薄膜 RA 明场像；b—薄膜 RA 暗场像；c—选区衍射；d—块状 RA 明场像；

e—块状 RA 暗场像；f—选区衍射

其至高达 22.38GPa·%。常规研究中，在 0.078%和 0.12%低碳情况下是很难获得如此高的强塑积。此外，试样 4 和 5 还具有低屈强比的特点。铁素体的引入虽然在一定程度上降低了强度，但是仍然有着以下几点优势：(1) 含有一定含量铁素体的 Q&P 钢具有低屈强比，保证了良好的成形性能；(2) 适量的铁素体能容纳更多的应变，提升材料的变形协调性，从而增加了塑性；(3) 促进块状 RA 的获得，增强材料的 TRIP 效应。

表 5-3　力学性能

试样	屈服强度 /MPa	抗拉强度 /MPa	屈强比	伸长率 /%	强塑积 /GPa·%
1 号	985	1247	0.79	13.37	16.666
2 号	605	1070	0.56	21.4	22.900
3 号	648	1110	0.59	8.83	9.870
4 号	495	875	0.57	25.58	22.380
5 号	470	845	0.56	24.85	21.000

众所周知，块状 RA 因其含有更高的碳含量具备更好的化学稳定性，因此有必要对不同类型 RA 变形过程的相变行为进行讨论。图 5-9 显示了变形前后 RA 的含量以及 RA 中平均碳含量的变化。在变形之前，RA 中的碳含量在 0.9%~1.3%之间，和当前研究中结果一致[39,53]。但是对于试样 2 和试样 4，RA 中碳含量超过 1.2%，甚至高达 1.3%，这是由铁素体和动态配分共同导致。变形后，试样中 RA 含量均在 2%~3%之间，表明大多数 RA 在拉伸变形时转变为马氏体。对于试样 2 和 4，将近 8%的 RA 发生 TRIP 效应，因此获得了超过 20%的伸长率，而试样 1 的伸长率仅为 13.37%，这是因为试样 1 中组织不含有软相铁素体，并且 RA 含量较低。变形后的试样 RA 中碳含量超过 1.4%，表明了低碳 RA 的机械稳定性较差，能在变形中发生 TRIP 效应，而

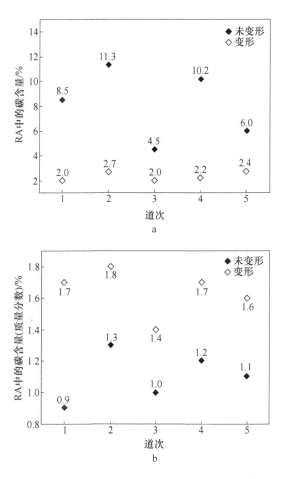

图 5-9 试样变形前后的 RA 含量以及 RA 内的碳含量

碳含量足够高时，RA机械稳定性足够强，以至于试样断裂时，仍然不会发生马氏体相变。此外，块状RA具有更大的尺寸，晶界面积相对较大，因而在拉伸变形时，能提供更多马氏体形核的位置，并且马氏体切变阻力更小。因此，尽管其具有更高的碳含量，但是大部分块状RA仍然能发生TRIP效应。

变形试样的透射形貌如图5-10所示。可以看到，变形后试样中能观察到马氏体/铁素体和被铁素体包围的孪晶马氏体，表明块状RA在拉伸过程中确实发生了TRIP效应，相变产物为孪晶马氏体。尽管其具有高碳含量，仍然不能在拉伸变形过程中幸免，和前面研究结论一致。应该指出，由于轧制过程的碳浓度起伏和碳配分的不足，孪晶马氏体同样也会在初次淬火和配分阶段形成。此外，根据XRD测试结果可以推断大部分马氏体板条内的RA也发生了TRIP效应，但由于其尺寸太小，故难以从马氏体板条间区分。研究也指出，薄膜状的RA更加稳定，将在变形的后期发生相变[55]。这是因为纳米马氏体板条的高屈服和静水压力增加了其相变的阻力。

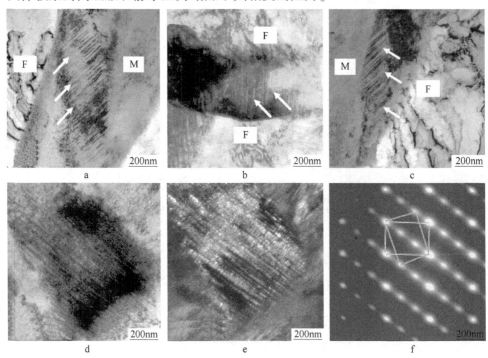

图 5-10　变形试样的 TEM 形貌

a—试样 2 孪晶形貌；b—试样 4 的孪晶形貌；c—试样 5 的孪晶形貌；

d—试样 2 孪晶明场；e—试样 2 的孪晶暗场；f—试样 2 的孪晶衍射斑

为了揭示复相 Q&P 组织的断裂机理，对试样 2 进行了微观裂纹观察，结果如图 5-11 所示。图中显示了两种裂纹的形核的位置。一般而言，铁素体/马氏体界面作为高能位置，是裂纹形核的有限位置，如图 5-11c 所示。另一个裂纹形核位置在铁素体晶粒内，如图 5-11b 所示。复相 Q&P 组织虽然和双相钢有相似的形核位置，但是二者有本质的不同。对于双相钢，由于两相间巨大的物理性质差异，裂纹优先在铁素体/马氏体的界面形核。然而，对于复相 Q&P 组织，铁素体和碳配分的耦合作用使得大量的不同形态尺寸的 RA 形成于铁素体/马氏体界面，导致了硬度梯度的降低。因此，Q&P 钢中的铁素体/马氏体界面的脆性得到了一定程度的降低，从而增加了裂纹在该位置形核的难度。

图 5-11a 也显示了裂纹的扩展路径。点 a 代表试样的断裂位置，从 a 点到 b 点，裂纹首先沿着铁素体/马氏体界面扩展，随后穿过一个铁素体晶粒。在 b 点处裂纹方向进行了大幅度的改变，这是由于界面处 RA 和硬相马氏体的阻碍所致。之后，裂纹的扩展将重复以上过程。当应力足够大时，裂纹将扩散至马氏体内部并且在一定深度后停止，如图 5-11d 所示，此时可以推断板条内的 RA 一定发生了 TRIP 效应，起到了阻碍裂纹扩展的作用。当然，有时应力不足够大时，裂纹也会在铁素体界面处停止扩展，如图 5-11b 和 c 所示。此外，该研究中对试样进行了大量的轧制变形，充分细化了原奥氏体晶粒，产生了大面积的晶界和相界面，这些界面也成为裂纹扩展的阻碍，使得裂纹扩展必须不断改变方向才能进行下去，因此有效地增加了其扩展路径，这也是复相 Q&P 钢具有良好强韧性的关键。

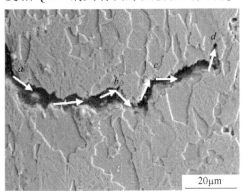

a

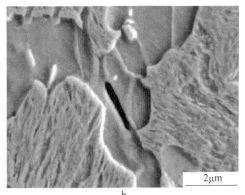

b

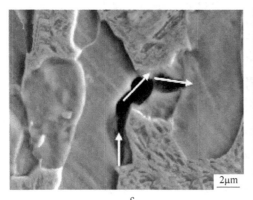
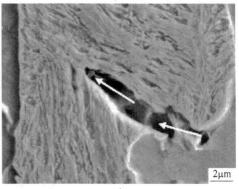

图 5-11　试样 2 裂纹扩展观察

　　总之，该研究表明在 Q&P 钢组织中引入适量的软相铁素体有利于提升实验钢的力学性能。此外，通过添加合金元素，如 Nb、V 和 Ti，或者调整工艺，如淬火温度，还能进一步提升材料的强塑积。

5.4　本章小结

　　本章采用三种低碳硅锰钢进行热轧直接淬火—配分工艺处理，对 RA 形态进行了表征，并揭示了组织性能之间的关系，得到了以下结论：

　　（1）引入适量的铁素体能促进块状 RA 的形成，从而进一步提升材料的综合力学性能，0.2%C 实验钢获得了 22.9%的高强塑积。

　　（2）更低碳实验钢（0.078%C 和 0.12%C）进行热轧 DQ&P 工艺处理后，可获得高的强塑积，（超过 20GPa·%），表明了低碳钢碳配分的可能性。

　　（3）复相 Q&P 钢中含有两种 RA——位于板条间的薄膜 RA 和位于界面处的块状 RA，并且块状 RA 含有较高的碳含量，但是会优先发生 TRIP 效应。

　　（4）当碳含量低至 0.078%时，马氏体板条间不能获得薄膜状 RA，富碳不足的奥氏体在配分阶段相变为孪晶马氏体。

6 超低碳变形直接淬火 — 配分 (DQ&P) 钢组织性能

6.1 引言

本章基于前面复相组织稳定 RA 的机理，进行了节约型低碳 DQ&P 钢设计，研究了不同淬火温度下的 RA 变化规律，明确了低碳钢淬火—配分处理的组织调控原理及最佳淬火工艺参数。

6.2 实验材料与方法

试验用钢在国内某钢厂的 150kg 真空感应熔炼炉中冶炼，其主要化学成分见表 6-1。本试验在东北大学轧制技术及连轧自动化国家重点试验室 MMS-200 型热模拟试验机上进行，热模拟试样为钢锭经锻造、热轧、机加工等工序处理后获得的圆柱试样，尺寸为 φ8mm×15mm。利用 Thermal-cal5.0 软件计算了该成分的 A_{e3} 温度并利用经验公式[13]计算了马氏体开始转变温度 M_s，计算结果见表 6-1。

表 6-1　试验用钢的主要化学成分和相转变温度

w（C）/%	w（Si）/%	w（Mn）/%	A_{e3}/℃	M_s/℃
0.078	1.55	1.61	887	447

试验工艺如图 6-1 所示。其具体工艺为将试样以 20℃/s 速度加热到 1200℃，并保温 180s，进行充分奥氏体化后，再以 5℃/s 的速度冷却到 1080℃，保温 20s 以稳定温度，消除试样内部的温度梯度，然后进行第一道次的压缩变形，该阶段为模拟奥氏体完全再结晶区的轧制，充分细化原始奥氏体晶粒，变形后保温 5s 以稳定温度，然后再以 5℃/s 的速度冷却到 900℃，同样保温 20s 进行第二道次压缩变形，该阶段模拟奥氏体未再结晶区轧制，等温 5s 稳定温度。两阶段的变形量均为 40%，变形速率均为 1/s。最后，以

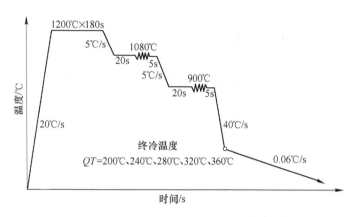

图 6-1 热模拟试验工艺图

40℃/s 的速度快冷至不同的淬火温度 QT（温度分别为 200℃、240℃、280℃、320℃ 和 360℃），即为卷取温度，然后以 0.06℃/s 的速度缓慢冷却到 100℃，模拟卷取冷却过程。

获得的试样经 4% 的硝酸酒精侵蚀后，在 Leica DMIRM 光学显微镜（OM）和 FEI QUANTA 600 扫描电镜（SEM）上进行显微组织观察；透射电镜（TEM）试样经机械研磨和双喷减薄后，利用 TECNAI G²F20 透射电镜对试样的微观结构进行进一步研究；残留奥氏体含量测定在 X 射线衍射仪（XRD）上进行，采用 Cu 靶，扫描角度为 40°~120°。在计算残留奥氏体体积分数时，选择（200）$_\gamma$、（220）$_\gamma$、（311）$_\gamma$ 奥氏体峰和（200）$_\alpha$、（211）$_\alpha$ 的铁素体峰。残留奥氏体体积分数 V_γ 利用式（6-1）计算获得[14]：

$$V_\gamma = \frac{1.4\,I_\gamma}{I_\alpha + 1.4\,I_\gamma} \tag{6-1}$$

式中 I_α，I_γ——分别为铁素体特征峰和奥氏体特征峰的积分强度。

试样的宏观硬度在万能硬度计（型号：KB3000BVRZ-SA）上进行测试，加载载荷为 20kg，加载时间为 8s。为了保证数据的准确性，每个试样选择 5 个视场，每个视场测试 5 个点，最后求其平均值。

6.3 结果与讨论

6.3.1 DQ&P 工艺对组织演变的影响

试样经 DQ&P 工艺处理后，获得的典型显微组织如图 6-2 所示。从图6-2a

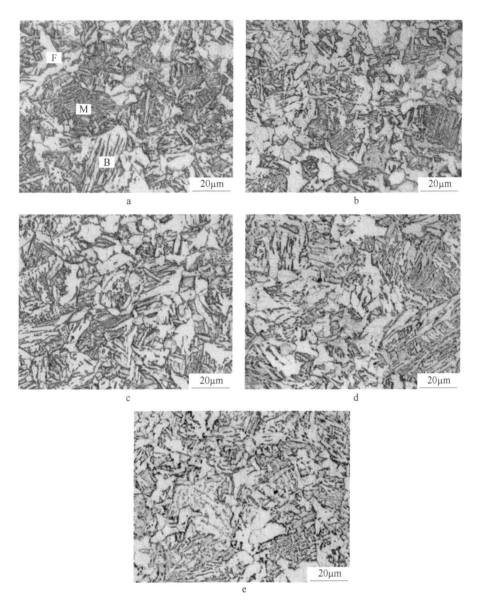

图 6-2 试验钢在不同淬火温度下的光学显微组织

a—200℃；b—240℃；c—280℃；d—320℃；e—360℃

中可以看出，组织主要由多边形铁素体（F）、马氏体（M）和贝氏体（B）组成。随着卷取温度的增加，马氏体含量逐渐减少，贝氏体含量增加，主要原因在于在长时间的高温模拟卷取过程中，有足够的时间发生相变。应该指出在卷取过程中，将会有各种竞争机制同时发生，包括未转变奥氏体的稳定化过程、奥氏体的分解以及相变过程和马氏体的回火过程等，在光学显微镜下不能明显的区分。此外，经验公式计算后的 M_s 温度为 447℃，然而在各个不同卷取温度条件下均得到了贝氏体组织，其中原因包括以下两个：（1）试验钢的淬透性不足，因而 40℃/s 的冷却速度不能避开贝氏体相变区域；（2）试验钢碳浓度过低，当淬火温度较高时，未转变奥氏体含量增大，随着配分过程的进行未转变奥氏体的 M_s 低于淬火温度，此时长时间高温卷取相当于在贝氏体区间停留，因而发生了贝氏体相变[15]。

为了验证卷取过程中发生了碳配分，选择了部分试样进行了电子探针试验。图 6-3 所示为试验钢在淬火温度为 280℃时的碳浓度分布情况。从图 6-3 中可以看出碳浓度分布不均匀，出现局部富集的区域，包括马氏体、贝氏体板条间和铁素体/马氏体界面处的位置（如图 6-3b 白色箭头所示）。这两种碳富集的区域由不同的原因导致，其中铁素体、马氏体界面处的富碳是由先共析铁素体的排碳和卷取过程中碳重新分配的综合作用导致，而马氏体或贝氏体板条间的碳富集主要是因为非等温缓冷过程中碳原子的重新分配。由于 Mn 和 Si 元素分布均匀，因此在这里没有进行更进一步的分析。该结果表明，尽管试验钢的碳含量低，但是经过 Q&P 处理后仍然存在碳配分的现象，导致局部区域碳富集。该碳富集区域可能为残留奥氏体或高碳马氏体（板条或孪晶），需要进一步进行 TEM 观察与分析。

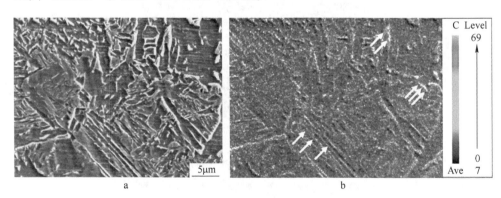

图 6-3　试验钢在 280℃淬火时的碳浓度分布

a—二次电子图像；b—碳浓度分布

图 6-4 所示为试验钢在淬火温度 280℃时的透射电镜观察结果。从图 6-4 中可以清晰地看到残留奥氏体（RA）以块状分布于铁素体和马氏体的边界

（见图 6-4b 箭头所示），其尺寸在 100 ~ 200nm。少部分的残留奥氏体（RA）以薄膜状的形式位于马氏体板条之间，尺寸较小，宽度约为 50nm。二者尺寸不同的原因在于，先共析铁素体形成时排出大量的碳原子到邻近的奥氏体，因而能稳定更大区域的奥氏体至室温。

此外，从图 6-4c 中还可以发现较多的孪晶马氏体（TM），这是因为试验钢碳浓度较低，部分一次淬火过程中的未转变奥氏体在进行碳配分过后，由于碳浓度的限制和奥氏体形态尺寸较大，仍然不能使得 M_s 点低于室温，因此部分碳含量较高但不足以稳定至室温的未转变奥氏体转变为孪晶马氏体。

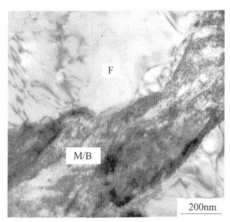

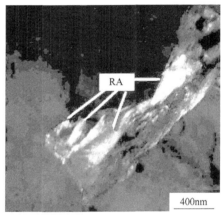

a   b

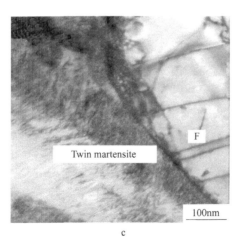

c

图 6-4　试验钢在 280℃淬火时的 TEM 组织

a—残留奥氏体明场像；b—残留奥氏体暗场像；c—孪晶马氏体

6.3.2 残留奥氏体含量测定

为了精确测定试验钢在不同淬火温度（即为卷取温度）下残留奥氏体的含量，对五种试样进行了 XRD 试验。根据 XRD 衍射图谱各个峰的强度求出了 5 个试样残留奥氏体的含量，如图 6-5 所示。从图 6-5 中可以看出，当淬火温度分别为 200℃、240℃、280℃、320℃和 360℃时，其残留奥氏体含量分别为 4.4%、5.1%、4.3%、7.2%和 6.4%，但是其含量均低于 10%，这主要由试验钢碳浓度低导致。在该成分条件下，通过式（6-2）计算，当未转变奥氏体的碳含量为 1%左右时，具有低于室温的 M_s 温度，因此当 0.078%的碳完全参与碳配分时，得到的残留奥氏体含量最大值为 7.8%，而实际测量最大值为 7.2%，非常接近理论计算值。考虑稳定残留奥氏体还受到其形态尺寸等的影响，因此在经过两道次压缩变形后更有利于获得残留奥氏体，这也是该试验钢能够获得残留奥氏体的重要原因。

$$M_s = 539 - 423C - 30.4Mn - 7.5Si + 30Al \qquad (6-2)$$

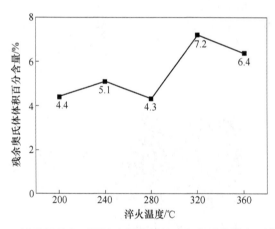

图 6-5　试验钢的在不同淬火温度下的残留奥氏体体积百分含量

此外，还可以发现，当卷取温度较低时，如 200℃、240℃和 280℃，组织中残留奥氏体的含量均在 5%左右；当卷取温度较高时，如 320℃和 360℃，残留奥氏体含量增多，达到了 7.2%和 6.4%，因此在较高温度卷取配分时，更有利于残留奥氏体的获得。这是因为在较高温度淬火时，基体组织主要为贝氏体，由于向试验钢中加入 1.55%的 Si，能够充分抑制碳化物的析出，因此几乎所有的碳用于稳定奥氏体，因而获得较多的残留奥氏体。因此，在低碳情况下进行 Q&P 处理应提高淬火温度，引入部分贝氏体组织，以此来获得更多的残留奥氏体。

6.3.3 宏观硬度分析

图 6-6 所示为试验钢在不同淬火温度下试样的宏观硬度值。从图 6-6 中可以看出，宏观硬度随着淬火温度的变化并不敏感，基本保持在 253~264HV20 之间。传统的 Q&P 工艺研究的试验钢的碳含量较高，能够得到较多过饱和碳的马氏体，而马氏体含量对淬火温度的变化很敏感，因此淬火温度对硬度、强度影响很大，一般而言低温淬火时具有高的强度和硬度。本章中硬度变化趋势不明显的原因在于超低碳的试验钢进行 Q&P 处理后，在不同淬火温度条件下，组织中仅含有少量的马氏体，主要为贝氏体和铁素体组织，因此其硬度差异不够明显。此外，从图 6-6 中还可以看出，宏观硬度和淬火温度的变化并不是呈现负相关的关系。当卷取温度为 200℃时，试验钢的硬度值最小，为 253HV20，而当卷取温度分别为 240℃和 320℃时，试验钢的硬度值达到了最大值，均为 264HV20。二者差值虽然仅为 11HV20，但是该结果基于大量的测试，可以断定并非试验误差的影响。实际上已有研究表明[5]，在 Q&P 钢中淬火温度与强度、硬度并非呈现负相关的关系，其主要原因在于碳配分过程中发生的一系列竞争机制，特别是生成的高硬度的新鲜马氏体（板条或者孪晶马氏体）能增加硬度值。即试验钢的硬度受到初始淬火温度和非等温缓慢冷却的综合影响。在长时间的非等温过程中，组织有以下几个变化：组织的回火、碳的重新分配导致的未转变奥氏体的稳定和奥氏体分解及相变。回火会导致硬度一定程度的降低，而新生马氏体的生成将会使强度、硬度增加[16]。所以，最终硬度的增加或者减少源于新鲜马氏体和其他导致硬度降低的因素相互竞争，因此并不是呈现简单的负相关关系，从而出现了淬火温度分别为 240℃和 320℃时，硬度值最高的情况。

该研究中利用含碳量为 0.078%的低碳钢通过工艺控制和组织调控获得了一定含量的残留奥氏体（RA），为 Q&P 钢的研究提供了新思路。残留奥氏体（RA）可以通过元素配分和减小尺寸、增加位错密度等方式来得到，当前的研究中往往依赖元素的配分以增强未转变奥氏体的化学稳定性，进而得到残

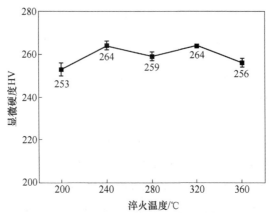

图 6-6 试验钢在不同淬火温度下的硬度值变化规律

留奥氏体（RA），而忽略了形态尺寸以及位错密度对其的稳定作用。该研究采用热轧 DQ&P 工艺，实现元素配分和尺寸细化的结合，进而在低碳（0.078%C）的情况下获得了一定数量的残留奥氏体（RA），是很适宜 Q&P 钢生产的一种方式。此外，如若想获得更多的残留奥氏体（RA）只需适量添加 C、Mn 含量即可。依靠变形和元素配分的方式能最大限度地稳定残留奥氏体（RA），即在获得同等含量残留奥氏体（RA）的条件下能大幅度降低合金元素的含量。

6.4 本章小结

本章以含碳量为 0.078% 的低碳 Si-Mn 钢为试验材料，在 MMS-300 热力模拟试验机上，重点研究了在 DQ&P（direct quenching & partitioning）非等温碳配分工艺条件下，淬火温度对显微组织和宏观硬度的影响，并且观察和分析了残留奥氏体的形态分布以及含量，主要结论如下：

（1）试验钢在经 Q&P 处理后，组织主要由马氏体、贝氏体、铁素体和残留奥氏体组成。随着淬火温度的升高，组织中将含有更多的贝氏体。

（2）经 Q&P 处理后组织中出现明显碳富集区域，残留奥氏体多以块状分布于铁素体/马氏体界面处，少部分以薄膜状的形式分布于马氏体/贝氏体板条间，其含量在 4.4%~7.2% 之间。

（3）试验钢的宏观硬度在 253 HV20~264HV20 之间，和淬火温度不存在明显的线性关系，并且在淬火温度分别为 240℃ 和 320℃ 时达到最大值 264HV20。

7 热轧 DQ&P 钢工业试制

7.1 引言

热轧 DQ&P 钢生产工艺不同于传统研究中的冷轧、离线热处理过程，需要思考和解决以下几个难点：

（1）DQ&P 工艺中淬火温度起着关键性作用，不仅决定了参与动态配分的初始组织状态，而且作为配分初始的动力学关键参数，使得组织和性能严重依赖于该温度。通常情况下，淬火温度低于400℃（满足小于M_s），因而难以在淬火过程中准确进行控制，容易出现淬火温度的波动，造成组织和性能的不均匀。因此，通过合计成分设计和工艺调控来弱化组织和性能对淬火温度的敏感性，进而获得较宽的淬火工艺窗口是热轧 DQ&P 钢设计的重点。

（2）DQ&P 工艺条件下，热轧卷利用余热缓慢冷却至室温的过程是稳定残余奥氏体的关键，其中包含淬火温度和卷取冷却速率两个重要动态配分的动力学参数。在相同淬火温度下，同一热轧卷的不同位置（内外表面）因换热条件的不同而导致不同的冷却速率，容易造成不同程度的碳配分行为程度和组织回火，导致组织和性能的差异性。因此，如何通过成分和组织的设计来避免缓慢冷却差异性带来的影响是 DQ&P 钢的又一难点。

结合实验室理论研究基础，在国内某大型钢厂热连轧产线上进行 DQ&P 钢工业试制。针对热轧 DQ&P 工艺的难题，进行了节约型低碳硅锰钢的成分设计，并结合热连轧线的设备布置情况进行了工艺路径的设计，最终成功制备出典型双相和复相的热轧 DQ&P 钢，性能达到 QP1180 级别。该研究突破了淬火工艺窗口窄的难题，并实现了热轧卷整卷组织和性能的均匀性。

7.2 工业试制材料及工艺设定

针对热轧 DQ&P 工艺的难题，对成分进行了优化设计。为了弱化 RA 对淬火温度的敏感性，在设计成分时，刻意控制缓慢冷却过程中等温马氏体/贝氏体的相变动力学行为，以此来平衡不同淬火温度下参与配分的未转变奥氏体含量，从而保证在一定淬火温度区间内获得含量相近的 RA。此外，在满足 Q&P 钢的成分约束条件下进行减量化成分设计，以 C、Mn 和 Si 为核心元素。同时，为了保证热轧钢卷的表面质量，进一步降低了 Si 含量，最终设计成分 C<0.15%，Mn<1.6%，Si<1.5%（质量分数）。经计算，该成分的 M_s 温度约为 430℃。

图 7-1 所示为热连轧线示意图，可以看到冷却段不同位置均安装有测温枪，可实现控制冷却的反馈调节，为分段式冷却提供了保障。热轧带钢经过设定的控制轧制工艺后，进行不同的冷却工艺控制策略，能有效调节组织类型和组织比例，并实现不同的淬火与配分条件。

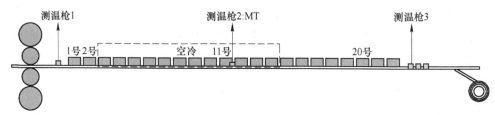

图 7-1　热连轧产线示意图

本次热轧 DQ&P 钢制备采用分段式冷却策略。首先，对设计的成分进行铁素体相变动力学计算，并匹配冷却段换热以及辊速等条件，制定合理的水冷和空冷混合模式，以此来调控铁素体含量。随后，进行第二阶段的淬火过程，终冷温度控制在 M_s 点以下。最后，将热轧钢卷卷取并利用余热进行碳配分处理。即整个冷却策略的制定需要兼顾相变、配分、产线冷却能力和生产节奏等诸多因素。

表 7-1 所示为成功制备的 2 卷热轧 DQ&P 的部分工艺参数，QP1 卷取温度在 310~360℃之间，QP2 的卷取温度在 250~300℃之间。

表 7-1　轧制参数

实验次数	规格/mm	中间坯厚度/mm	终轧温度/℃	卷取温度/℃
QP1	3.2×1070	40	880~900	310~360
QP2	3.2×1070	40	880~900	250~300

7.3 结果与讨论

图 7-2 所示为热轧 DQ&P 钢卷，可以发现钢卷最外层表面呈现轻微的暗红色，右图为钢卷内部表面，可以看到其氧化程度并不严重，经过酸洗之后能有效地去除表面氧化皮。

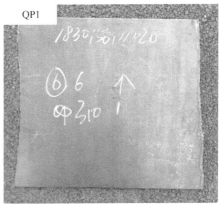

图 7-2 热轧 DQ&P 钢卷

金相试样及拉伸试样均从钢卷开卷 10m 后进行截取，随后进行金相、扫描及拉伸试样（A25）实验，同前面章节组织性能检测方法一致。

图 7-3 所示为金相组织。可以看出组织均由铁素体、马氏体组成，残余奥氏体在金相组织中不可见。此外，两个试样存在明显的组织差异，QP1 中

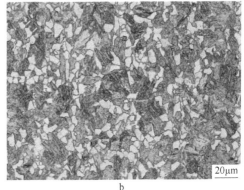

a   b

图 7-3 金相组织分析

a—QP1；b—QP2

含有较少的先共析铁素体，含量不足 5%，基本由全马氏体组成；而 QP2 则含有大量的铁素体，含量超过 30%。

进一步观察扫描组织，如图 7-4 所示，能清晰地看到组织中各组分的形态，其中铁素体呈现平滑的形状并且凹陷在马氏体块周围，多个铁素体连接处分布着小块状的相，根据前面研究可知该相应为 RA，马氏体呈现平行的细板条状。此外，QP2 组织中铁素体的尺寸较大，在 5~10μm 间，是由于 MT 温度更低具有充足的相变动力，铁素体形核长大的速度较快。两卷钢卷虽然都经历了长时间的缓慢冷却过程但是并未发现明显的回火现象，马氏体基体上没有碳化物析出，证明大部分碳没有被回火碳化物消耗。

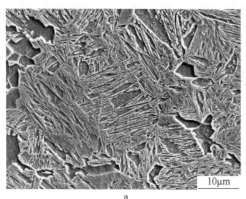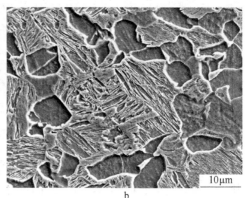

图 7-4 扫描形貌观察

a—QP1；b—QP2

在卷取过程中碳配分是实现稳定奥氏体的关键，因此采用电子探针仪器对组织碳浓度进行了分析。图 7-5 所示为 QP1 高倍下马氏体区域内碳浓度的分布情况，图 7-5a 为扫描区域，为一个马氏体块，竖直分布着马氏体板条，其中实线内区域进行了碳浓度定性分析。图 7-5b 所示的马氏体块区域内板条束出现明显的富碳行为，富碳马氏体板条基本相间分布，说明在 QP1 钢卷卷取后，在余热等温及缓慢冷却过程中发生了碳配分行为。相较于 QP2，QP1 具有较高的卷取温度，因此具有充足的配分动力和时间。

图 7-6 所示为试样 XRD 测试结果，为了保证数据的准确性，每块板子选择了两个不同位置的区域进行了 XRD 实验。从图 7-6a 可以看出，QP1 和 QP2 均含有较为明显的衍射峰，经过计算 QP1 两个试样分别含有 8.76% 和 8.98%

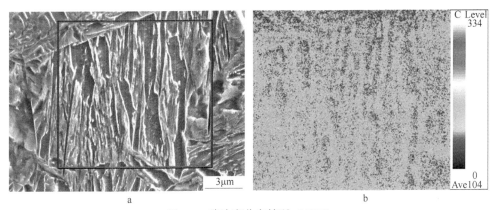

a   b

图 7-5　碳浓度分布情况（QP1）

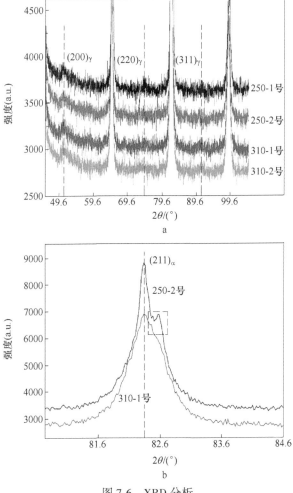

图 7-6　XRD 分析

的 RA，而 QP2 含有 9.46% 和 9.2% 的 RA。该结果表明，虽然试样钢碳含量低于 0.15%，但是大部分碳用于进行配分后仍然获得了较多的 RA，大于 8.5%。此外，尽管 QP2 具有较低的卷取温度，但含有相对较多的 RA，原因为大量铁素体增加了 RA 的含量。同时，在 250~300℃ 仍然能进行有效的配分，从而保证部分未转变奥氏体稳定保留至室温。观察图 7-6b 还可以看出马氏体衍射峰存在明显的差异，其中 QP2 除了主峰之外仍然包含一个小峰，而 QP1 具有相对平滑的大峰，实际上每个峰值所对应的横坐标与组织碳浓度一致，峰偏左证明具有较高的碳含量。因此，可以判断 QP2 具有两种碳含量的体心结构，为先共析铁素体和马氏体，而 QP1 基本为全马氏体组织。

表 7-2 所示为两卷实验钢距离外表面 10m 处的力学性能，可以看出实验钢展现出良好的强塑性结合，抗拉强度均超过 1200MPa，伸长率达到 15%，达到 QP1180 的级别，并且采用的合金成分很低，成本低焊接性能良好。比较两卷钢的性能，可以看出引入铁素体后强度有所降低，塑性适量提升，但不明显。由第 5 章可知引入软相铁素体后实验钢的塑性应有较大程度的提升，然而 QP2 的伸长率仅仅比 QP1 高出 0.5%，原因为 QP2 淬火温度过低，马氏体过硬，极大程度地增加了 F/M 的硬度差，因此损害了引入铁素体增加的塑性，在综合力学性能上劣于 QP1。应该指出，引入大量铁素体并提升淬火温度能进一步改善实验钢的综合力学性能。

表 7-2 力学性能

编号	屈服强度 /MPa	抗拉强度 /MPa	断后伸长率 /%	强塑性 /GPa·%
QP1	960	1270	15.2	19.304
QP2	813	1200	15.4	18.480

在 DQ&P 工艺条件下，利用钢卷余热缓慢冷却至室温的过程来完成动态碳配分，其配分效果严重依赖于冷却速率。对于同一热轧卷，不同位置具有差异性的换热条件，这导致冷却速率的不同，进而影响碳配分效果和组织回火程度。一般而言，钢卷外侧具有较快的冷速，易造成配分不充足的情况，但由图 7-6XRD 数据可知，两卷钢外侧位置均能进行有效的配分，而钢卷内部冷速逐渐变慢，导致更加充分的碳配分，可以保证 RA 的含量。经测试，

整卷钢不同位置的 RA 均在 8%～10% 的范围内。此外，由于回火程度的不同可能造成强度的差异，因此需要进一步分析。

图 7-7 为钢卷 QP1 距离外表面不同位置的力学性能，每隔 25 米取一个样本。可以看出，除了 450 米处，钢卷从外表面到内部抗拉强度稳定，维持在 1258～1319MPa，波动幅度较小。由于 450 米处接近干头位置，因此强度出现了一定程度的下降，在 1155MPa 左右。此外，整卷实验钢的塑性也相对稳定，维持在 13.7～16%，波动不超过 3%。该结果表明，虽然实验钢不同位置卷取之后冷却速度不同，组织的回火程度有差异，但是对强度和延伸率的影响较小，说明采用 DQ&P 工艺可以获得整卷力学性能均匀的热轧高强钢。

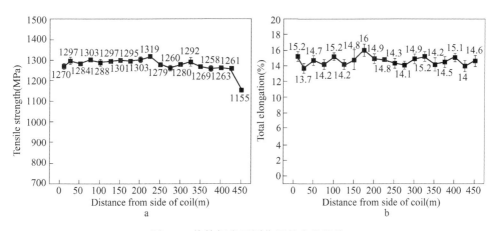

图 7-7 热轧钢卷不同位置的力学性能

总之，通过本次钢厂热轧实验，在常规热连轧产线上成功制备出热轧 DQ&P 钢，获得钢种具有良好的强塑性匹配，在节约型成分条件下获得了 1250MPa 级的高强度性能，该研究突破了淬火工艺窗口窄的难题，并实现了热轧卷整卷组织和性能的均匀性，为热轧 Q&P 钢的工业化奠定了良好的基础。应该说，随着先进短流程技术的发展，如 ESP（无头轧制技术）、铸轧工艺等，其稳恒的轧制工艺条件为高品质热轧 DQ&P 钢的生产提供了有利条件。因此，将 Q&P 理念应用在短流程产线上，优势将更加明显，有望替代部分高成本的冷轧产品，具有广阔的应用前景！

7.4 本章小结

本次热轧实验在国内某大型钢厂进行，采用低碳低合金成分成功制备出热轧 DQ&P 钢种，获得强度高达 1250MPa 级别的性能，主要结论如下：

（1）采用分段式控制冷却的方式调节中间冷却温度和淬火温度，最终获得（铁素体）马氏体和残余奥氏体典型 DQ&P 组织，其中残余奥氏体的含量大于 8.5%。

（2）获得热轧 DQ&P 钢工业卷展现出良好的强塑性匹配，整卷力学性能稳定，抗拉强度超过 1250MPa，延伸率在 13.7~16%之间。

（3）采用合理成分设计和工艺路径控制，在宽幅淬火温度区间和不均匀缓慢冷却条件下，获得了稳定含量的 RA 并保证了力学性能的均匀性。

参 考 文 献

[1] 马鸣图, 游江海, 路洪洲, 等. 铝合金汽车板性能及其应用 [J]. 中国工程科学, 2010, 12 (9): 4~20, 33.

[2] 马鸣图, 游江海, 路洪洲. 汽车轻量化以及铝合金汽车板的应用 [J]. 新材料产业, 2009 (9): 34~37.

[3] 王丹. 铝合金汽车板应用及生产现状 [J]. 上海有色金属, 2013, 34 (3): 130~133.

[4] 佘章国. 先进高强度汽车用钢板研究进展与技术应用现状 [J]. 河北冶金, 2016 (1): 1~7.

[5] 郑花. 先进高强度汽车用钢的研究进展 [J]. 价值工程, 2016, 35 (1): 159~160.

[6] Speer J G, Matlock D K, De Cooman B C, et al. Carbon partitioning into austenite after martensite transformation [J]. Acta Mater, 2003, 51: 2611~2622.

[7] Speer J G, De Moor E, Findley K O, et al. Analysis of microstructure evolution in quenching and partitioning automotive sheet steel [J]. Metall Mater Trans A, 2011, 42A: 3591~3601.

[8] Liu H P, Lu X, et al. Enhanced mechanical properties of a hot stamped advanced high-strength steel treated by quenching and partitioning process [J]. Scripta Mater, 2011, 64 (8): 749~752.

[9] 刘和平. 高强塑积热变形淬火碳分配钢的研究 [D]. 上海: 上海交通大学, 2011.

[10] 陈连生, 杨栋, 田亚强, 等. 配分温度对低碳高强 Q&P 钢组织及力学性能影响 [J]. 材料热处理学报, 2014, 35: 55~59.

[11] 董辰, 陈雨来, 江海涛, 等. 超高强 Q&P 钢淬火温度对组织和性能的影响 [J]. 材料热处理技术, 2009, 38: 121~124.

[12] 张玉杰, 王存宇, 刘文忠, 等. 变形温度对淬火配分钢微观组织和硬度的影响 [J]. 材料热处理学报, 2013, 34 (5): 97~102.

[13] 韦清权. D&P 处理对低碳钢组织和性能的影响 [J]. 铸造技术, 2014, 35 (9): 1988~1989.

[14] Maheswari N, Ghosh Chowdhury S, Kumar K C, et al. Influence of alloying elements on the microstructure evolution and mechanical properties in quenched and partitioned steel [J]. Materials Science & Engineering A, 2014, 600: 12~20.

[15] 蒯振, 陈银莉, 庄宝潼, 等. 低碳 Si-Mn 系 Q&P 钢两相区的退火热处理工艺 [J]. 材料热处理学报, 2012, 33 (12): 88~93.

[16] Sun J, Yu H, Wang s, Fan Y. Study of microstructural evolution, microstructure-mechanical properties correlation and collaborative deformation-transformation behavior of quenching and

partitioning （Q&P） steel ［J］, Materials Science & Engineering A, 2014, 596: 89~97.

［17］ Nayaka S S, Anumolu R, Misra R D K. Microstructure-hardness relationship in quenchedand partitioned medium-carbon and partitioned medium-carbon and high-carbon steels containing silicon ［J］. Materials Science and Engineering A, 2008, 498: 442~456.

［18］ Speer J G, Edmonds D V, Rizzo F C. Partitioning of carbon from supersaturated plates of ferrite with application to steel processing and fundamentals of the bainite transformation ［J］. Current Opinion in Solid State and Materials Science, 2004, 8: 219~237.

［19］ Santofimia M J, Speer J G, Clarke A J, et al. Influence of interface mobility on the evolution of austenite-martensite grain assemblies during annealing ［J］. Acta Materialia, 2009, 57: 4548~4557.

［20］ Clarke A J, Speer J G, Matlock D K, et al. Influence of carbon partitioning kinetics on final austenite fraction during quenching and partitioning ［J］. Scripta Materialia, 2009, 61: 149~152.

［21］ Clarke A J, Speer J G, Miller M K. Carbon partitioning to austenite from martensite orbainite during the quench and partition （Q&P） process: A critical assessment ［J］. Acta Materialia, 2008, 56: 16~22.

［22］ Toji Y, Miyamoto G, Raabe D. Carbon partitioning during quenching and partitioning heat treatment accompanied by carbide precipitation ［J］. Acta Materialia, 2015, 86: 137~147.

［23］ 徐祖耀. 淬火-碳分配-回火（Q-P-T）工艺浅介 ［J］. 金属热处理, 2009, 34 （6）: 1~8.

［24］ 徐祖耀. 用于超高强度钢的淬火-碳分配-回火（沉淀）（Q-P-T）工艺 ［J］. 热处理, 2008 （2）: 1~5.

［25］ Hsu T Y （XuZuyao） Jin X J, Rong Y H. Strengthening and toughening mechanisms of quenching-partitioning-tempering （Q-P-T） steels ［J］. Journal of Alloys and Compounds, 2013, 577: S568~S571.

［26］ 钟宁. 高强度 Q&P 钢和 Q-P-T 钢的研究 ［D］. 上海: 上海交通大学, 2009.

［27］ 张柯. 高强塑积 Q-P-T 钢及其强塑性机制的研究 ［D］. 上海: 上海交通大学, 2011.

［28］ 张柯, 许为宗, 郭正洪, 等. 新型 Q-P-T 和传统 Q-T 工艺对不同 C 含量马氏体钢组织和力学性能的影响 ［J］. 金属学报, 2011, 47 （4）: 489~496.

［29］ 贾晓帅, 左训伟, 陈乃录, 等. 经新型 Q-P-T 工艺处理后 Q235 钢的组织与性能 ［J］. 金属学报, 2013, 49 （1）: 35~42.

［30］ 王颖, 张柯, 郭正洪, 等. 残余奥氏体增强低碳 Q-P-T 钢塑性的新效应 ［J］. 金属学报, 2012, 48 （6）: 641~648.

［31］ Seo E J, Cho L, Estrin Y, et al. Microstructure-mechanical properties relationships for quench-ing and partitioning (Q&P) processed steel ［J］. Acta Materialia, 2016, 113: 124~139.

［32］ Seo E J, Cho L, De Cooman B C. Kinetics of the partitioning of carbon and substitutional allo-ying elements during quenching and partitioning (Q&P) processing of medium Mn steel ［J］. Acta Materialia, 2016, 107: 354~365.

［33］ 王存宇, 时捷, 曹文全, 等. Q&P 工艺处理低碳 CrNi3Si2MoV 钢中马氏体的研究 ［J］. 金属学报, 2011, 47 (6): 718~724.

［34］ Yi H L, Chen P, Hou Z Y, et. al A novel design: Partitioning achieved by quenching and tempering (Q-T & P) in an aluminium-added low-density steel ［J］. Scripta Materialia, 2013, 68: 370~374.

［35］ Thomas G A, Speer J G, Matlock D K. Considerations in the Application of the "Quenching and partition" Concept to hot rolled AHSS production ［J］. Iron & Steel Technology, 2008, 5: 209~217.

［36］ 万德成, 冯运莉, 李杰. 等温温度对直接淬火配分超高强钢组织性能的影响[J]. 热加工工艺, 2015, 44 (10): 213~216.

［37］ 万德成, 冯运莉, 李杰. 淬火终冷温度对直接淬火配分超高强钢组织与性能的影响 ［J］. 金属热处理, 2015, 40 (9): 143~146.

［38］ 万德成, 宋卓斐, 徐博. 终冷温度对直接淬火配分超高强度钢组织与性能的影响 ［J］. 金属热处理, 2017, 42 (5): 104~107.

［39］ Tan X D, Xu Y B, Yang X L et al. Effect of partitioning procedure on microstructure and me-chanical properties of a hot-rolled directly quenched and partitioned steel ［J］. Materials Science and Engineering: A, 2014, 594: 149~160.

［40］ Kang J, Wang C, Li Y J, et al. Effect of direct quenching and partitioning treatment on me-chanical properties of a hot rolled strip steel ［J］. Journal of Wuhan University of Technology: 2016, 31: 178~185.

［41］ Li Y J, Li X L, Yuan G, et al. Microstructure and partitioning behavior characteristics in low carbon steels treated by hot-rolling direct quenching and dynamical partitioning processes ［J］. Materials Characterization, 2016, 121: 157~165.

［42］ Li Y J, Kang J, Zhang W N, et al. A novel phase transition behavior during dynamic partitio-ning and analysis of retained austenite in quenched and partitioned steels ［J］. Materials Science and Engineering A, 2018, 710: 181~191.

［43］ Sugimoto K I, Usui N, Kobayashi M, et al. Effects of Volume Fraction and Stability of Retained Austenite on Ductility of TRIP-aided Dual-phase Steels ［J］. ISIJ International, 1992,

32, 1311~1318.

[44] Sugimoto K I, Iida T, Sakaguchi J, et al. Retained Austenite Characteristics and Tensile Properties in a TRIP Type Bainitic Sheet Steel [J]. ISIJ International, 2000, 40: 902~908.

[45] 熊自柳, 刘宏强, 蔡庆伍, 等. 高强 TRIP 钢中合金元素的分布规律 [J]. 钢铁研究学报, 2011, 23 (10): 44~49.

[46] Li Y J, Chen D, Li X L, et al. Microstructural evolution and dynamic partitioning behavior in quenched and partitioned steels [J]. Steel Research International, 2017, 88 (11): 1~11.

[47] Wang C Y, Shi J, Cao W, et al. Study on the martensite in low carbon GrNi3Si2MoV steel treated by Q&P process [J]. Acta Metallurgica Sinica, 2011, 6: 720~726.

[48] Kang J, Wang C, Li Y J, et al. Effect of direct quenching and partitioning treatment on mechanical properties of a hot rolled strip steel [J]. Journal of Wuhan University of Technology. Materials Science, 2015, 31: 178~185.

[49] Santfimia M J, Zhao L, Sietsma J. Microstructural Evolution of a Low-Carbon Steel during Application of Quenching and Partitioning Heat Treatments after Partial Austenitization [J]. Metallurgical and Materials Transactions A, 2008, 40: 46~57.

[50] Zhong N, Wang X D, Rong Y H, et al. Interface Migration between Martensite and Austenite during Quenching and Partitioning (Q&P) Process. [J]. Journal of Materials Science & Technology, 2006, 22: 751~754.

[51] Kim D H, Speer J G, Kim H S, et al. Observation of an Isothermal Transformation during Quenching and Partitioning Processing [J]. Metallurgical and Materials Transactions A, 2009, 40A: 2048~2060.

[52] Radcliffe S V, Rollason E C. The kinetics of the formation of bainite in high-purity iron-carbon alloys [J]. Journal of Iron and Steel Research, International, 1959, 191: 56~65.

[53] Xu Y, Tan X, Yang X, et al. Microstructure evolution and mechanical properties of a hot-rolled directly quenched and partitioned steel containing proeutectoid ferrite [J]. Materials Science and Engineering A, 2014, 607: 460~475.

[54] Wang C Y, Shi J, Cao W Q, et al. Characterization of microstructure obtained by quenching and partitioning process in low alloy martensitic steel [J]. Materials Science and Engineering A, 2010, 527: 3442~3449.

[55] Xiong X C, Chen B, Huang M X, et al. The effect of morphology on the stability of retained austenite in a quenched and partitioned steel [J]. Scripta Materialia, 2013, 68: 321~324.

RAL · NEU 研究报告

（截至 2018 年）

（2018 年待续）